JN140989

タマネギで肌美人

～ケルセチンはアンチエイジングのカギ～

春名一夫／坂本靖彦 共著

幻冬舎MC

タマネギで肌美人

～ケルセチンはアンチエイジングのカギ～

目次

第1章

古今東西、「タマネギ」パワー

世界共通！　野菜の基本はタマネギ

もし、全国で「食材調査」というものが実施され、家庭のキッチンにどんな食材があるのかを調べたとしたら、ほぼすべての家庭にあるものがタマネギではないでしょうか。もしかすると、家庭を飛び出してレストランなどの店舗を調べたとしても、ほぼ確実にあるものがタマネギではないかと思われます。

それは日本だけの話ではありません。

世界には日本人がまだ食べたこともなければ、見たことも聞いたこともない料理や食材がたくさんあります。それと同じように、日本で当たり前のように食べられ、売られているものが「珍しいもの・見たことがないもの」とされている国は、数え切れないくらいあるかもしれません。しかし、宗教上の理由からタマネギを食べないという人はいても、「タマネギがない国」はないといわれています。

最近は品種改良が進み、辛味成分が少ないため生で丸かじりできるタマネギも誕生しましたが、一般的なタマネギは生で食べるときは薄切りにしてから水にさらすなどして辛味を抜く必要があります。加熱すると強い甘みと風味が出るため、どの国でも料理のベースに使われているようです。冷蔵しなくても長期保存ができるのも重宝される理由のひとつで、航海中の食料としてタマネギが積みこまれている、移民の船を描いた絵画もあるほど。また、食用だけではなくタマネギは魔除けや虫除けにも使われてきました。まさにタマネギは古くから世界中で〝食〟の基本、そして〝生活〟の一部として用いられてきたことがわかります。

タマネギのことをもっと深く知っていただくために、まずはその歴史から遡ってみたいと思います。

コラム

日本のタマネギ生産量

家庭に常備している野菜といえばタマネギにジャガイモといった印象がありますが、年間の収穫量を見ると1位はジャガイモ。2位・キャベツ、3位・だいこん続いてタマネギは4位です（野菜ナビ・二〇一五年のデータによる）。いずれも年間を通じて流通されていることが共通点ですが、長期保存という観点でみると、タマネギに軍配が上がります。「食の基本」といえる所以でしょう。くわしくは次ページをご覧ください（**表1-1**）。

表1-1　野菜の収穫量ランキング（単位＝トン）

	野菜名	収穫量
1位	じゃがいも	240万6,000
2位	キャベツ	146万9,000
3位	だいこん	143万4,000
4位	タマネギ	126万5,000
5位	はくさい	89万4,600
6位	さつまいも	81万4,200
7位	トマト	72万7,000
8位	にんじん	63万3,100
9位	レタス	56万8,000
10位	きゅうり	54万9,900
11位	ねぎ	47万4,500
12位	なす	30万8,900
13位	ほうれん草	25万800
14位	スイートコーン	24万300
15位	かぼちゃ	20万2,400
16位	やまのいも	16万3,200
17位	さといも	15万3,300
18位	ごぼう	15万2,600
19位	ブロッコリー	15万900
20位	ピーマン	14万400

出典：農林水産省統計（2015年）
野菜ナビ（https://www.yasainavi.com/graph/sh=2）よりデータを引用し、作成。

ピラミッドはタマネギパワーでできた？

タマネギは野生種が発見されていないため、古くから栽培されていたと考えられています。その原産地についてもっとも知られているのが栽培植物の起源の研究で知られる旧ソ連の植物学者、ヴァヴィロフが提唱した説です。ヴァヴィロフによると、栽培植物の起源地は８大センターと３つのサブセンターがあるといいます。その中で、世界中で味のベースとして用いられているタマネギが生まれたのは、北西インド（パンジャブ、カシミールを含む）、アフガニスタン、タジキスタンとウズベキスタン及び天山山脈の西部にわたる中央アジア。ここから世界中に広がっていったと考えられています。もっと古い記録によれば、紀元前数千年前にイランではタマネギを神事に用いており、エジプトでは紀元前の第一王朝時代（紀元前３０００年前後）の墓の壁画にタマネギが描かれていました。

イランで行われていた神事がどのようなものかは記録にありませんが、エジプトでタマネギを用いていたのはピラミッド建設に携わる労働者たちだということはわかっています。

タマネギの滋養強壮効果がはるか昔から使われていたという証拠は各地で残されて

おり、古代ギリシャではオリンピック出場を目指す運動選手がタマネギを食べていた、古代ローマの剣闘士がタマネギの汁でマッサージを施してから闘技場に入場していたなど、さまざまな記録が残っています。また、ローマ帝国ではタマネギやニンニクが闘争心を高める食材として用いられていたし、アメリカの南北戦争時代には銃で負った傷の治療にタマネギの汁が用いられていたといいます。

原産地の中央アジアから伝播されたタマネギは、紀元前10世紀以前にギリシャで、紀元前5世紀からローマで栽培されたという記録があります。そこから15世紀にドイツでタマネギ料理が普及し、16世紀にはヨーロッパ一帯に広まっていきます。特にドイツやイギリスでは幅広い

層に用いられるようになり、14世紀にヨーロッパで黒死病（ペスト）が蔓延し、大量の死者を出したときもロンドンでタマネギとニンニクを扱っている店では伝染を免れたと伝えられています。

その栽培過程で、南ヨーロッパでは生食用の甘いタマネギが、東ヨーロッパでは刺激の強い辛いタマネギが普及し、これが現在のタマネギの原型となっています。

16世紀の大航海時代に入ると、タマネギはコロンブスにより南北アメリカに伝わり、やがてアメリカ全土で栽培されるようになりました。アメリカで、甘タマネギ、辛タマネギともに品種改良が進み、さまざまな品種が生まれます。

日本には江戸時代、南蛮船によってタマネギが渡ってきたといわれています。しかし日本にはすでに長ネギが普及していたことと、当時のタマネギは臭みが強かったため日本人の味覚に合わず、一般に広まることはありませんでした。

それが変わったのが明治時代前期のこと。アメリカやイギリス、フランスからの種子が導入され、中期になって北海道で本格的な栽培が始まりました。

タマネギが日本で本格的に普及するようになったきっかけは、当時関西で流行していたコレラにタマネギが効くという噂が広がったからだといわれています。

紀元前のピラミッド労働者から黒死病の予防、そして日本でのコレラ対策など、時代や地域を超えて人々はタマネギを薬のように用いていたことがわかります。人々はタマネギの効能が科学的に分析され、判明するよりはるか昔から、その薬効を自分たちの体で実感し、信じて頼っていたことは歴史を見ても明らかなのです。

タマネギは魔除け？　ご法度？　その神秘のパワーを解明！

タマネギはピラミッドの時代からスタミナ食として用いられてきました。そのパワーの源は、タマネギに含まれる硫化アリルという成分。タマネギを刻んだとき涙を止まらなくさせる犯人です。

硫化アリルには血流促進と疲労回復を早める効果があることがわかっていますが、当然ながらピラミッドの時代には科学的な解明がされていたわけではありません。しかし、「タマネギを食べると疲れがとれやすい」ということが経験的にわかっていたため、労働者に渡されていたのだと考えられます。

悪魔や魔女といった邪悪な存在がいると信じられていた時代、タマネギは長く魔除けとして使われていました。西洋の絵本などで、タマネギがキッチンの片隅や軒先に吊るしてある風景を見たことがある人もいるかもしれません。「吸血鬼はニンニクが苦手」というのも、タマネギの魔除け効果と通じるところがあるといえます。

これは西洋だけの話ではありません。日本でも古い橋の欄干などに金属でできたタマネギ型の装飾を見ることができます。あの名称は擬宝珠(ぎぼし)といい、その由来には諸説ありますが、タマネギが持つ魔除けの力にあやかって、あの形になったといわれています。

このように、洋の東西を問わずタマネギが魔除けとして使われていたのは、あの独特の刺激的な香りに魔物を寄せ付けない力があると信じられていたからに他なりません。つまり、硫化アリルに魔除けの効果があると、昔の人は信じていたと言い換えることができます。

もうひとつ、タマネギが持つ力に関する言い伝えをご紹介しましょう。
「葷酒山門（くんしゅさんもん）に入（い）るを許さず」という言葉を聞いたことはないでしょうか。これは「臭い匂いのする野菜と酒は修行の妨げになるので山門（寺の門）の中に持ち込んではならない」という意味で、「葷」が臭い匂いのする野菜、すなわちネギやニラ、ニンニク、そしてタマネギなどと、生臭い肉や魚を指しています。さて、酒が修行の妨げになることや、殺生に通じる肉や魚が仏門にふさわしくないのは理解できますが、なぜネギやニンニク、タマネギまでが禁じられたかというと、これらの野菜が持つ「精がつく」力が避けられる原因となりました。これは出家して仏門に入った者でさえひとたび食べると修行を忘れてしまうほど、これらの野菜に効能があると信じられていたからだといえます。

このように、タマネギに絶大なパワーがあることは、古今東西を問わず昔から経験的に知られており、疲労回復に、体力増強に、そして魔除けにと、さまざまな方法で使われてきたことは歴史が物語っています。

食べてよし、置いてよしのタマネギ健康法

このように、古来より滋養強壮効果と強い香りの効果によってスタミナ食に、魔除けにと用いられてきたタマネギは、そのまま調理するだけでなく、料理に甘みやコクを出す調味料としても使われてきました。それだけでなく、タマネギは昔からさまざまな民間療法に用いられてきたことが記録に残っています。独特の香りに神秘的な力があると信じられていたことや食べたあとに元気になれるという実感があったこと、さらに保存がきくため季節を問わず身近にあったことも、さまざまな使い方が生まれた理由といえるかもしれません。とくに欧米では、古くから民間薬として、生活のちょっとした不便を解消する方法として、さまざまな形でタマネギを利用してきました。ここで、いくつかご紹介しましょう。

タマネギを使った民間療法の中でとくに知られており、今でも使われているのが、「タマネギ安眠法」です。方法はとても簡単、スライスしたタマネギを枕元に置くだけ。それだけで大人も子供も寝つきがよくなり、快眠へと導かれるのです。聞いただけであの独特の香りや切ったときに目が痛くなるあの刺激が思い出され、睡眠にとっては

逆効果のような印象があるかもしれません。先にも説明しましたが、タマネギの強い香りの正体は硫化アリル。目にとっては刺激でしかありませんが、あの香りを嗅ぐと脳波がリラックス状態を示すアルファ波を示すようになるのです。それだけでなく、タマネギの香りは鎮静作用があり、自律神経のうち興奮状態を司る交感神経を鎮め、リラックス状態へと導く副交感神経を高める効果もあるといわれています。

タマネギ安眠法のやり方はとても簡単、枕元にスライスしたタマネギを置くだけ。欧米では「古い靴下にタマネギを切ったものを入れ、枕元に置く」というやり方もあるそうです。ハーブやアロマオイルを浸した綿などを小さな袋に入れる「サシェ」という、日本に昔からある匂い袋のようなものがありますが、いわばこれは古い靴下を使った「タマネギサシェ」といったところでしょう。もちろん、ガーゼや布などで作るのもよい方法です。

風邪薬としてもタマネギは使われていました。絞り汁を薄めてうがい薬として使う、輪切りにしたタマネギに砂糖を振り、一日置いてシロップ状のエキスにして飲む、タマネギを適当に切ったものを沸かした湯の中にしばらく漬けておいて飲むなど、さまざまな方法があるそうです。日本にも、焼いたネギを喉に巻きつける、だいこんをはちみつ漬けにしてそのシロップを飲むなどさまざまな民間療法がありましたが、それと似たようなことを、欧米ではタマネギでやっていたということなのでしょう。中には「耳が痛いとき、タマネギを切ったものを耳に入れるとよい」というものもあります。これなど、日本の「頭が痛いときは梅干しをこめかみに貼る」というのとどこか似て、いわゆるおばあちゃんの知恵袋に洋の東西はないと思わせてくれます。もしこの方法を試すなら、タマネギは耳の穴より大きめに切り、耳の中に入らないようにしたほうがよさそうです。

民間療法だけではありません。他にも「ドアや窓枠についた手垢は、半分に切ったタマネギでこするとサビにくくなる」「銅製品の汚れは、すりおろしたタマネギと湿った土で磨くとピカピカになる」など、欧米ならではの生活の知恵が昔から伝えられてきましたし、タマネギのすりおろし汁をローションとして使うと美白効果があるともいわれています。

日本にも古くから伝わる民間療法や暮らしの知恵はたくさんあります。中には科学的な裏付けもとれ、本当に効果があるものもあれば、単なる迷信や言い伝えというだけで効果が期待できないものもあることは、すでにご存じでしょう。ここで紹介したさまざまな方法も、効果があるかどうかはその人次第といったところ。それに頼り切ってしまうのではなく、欧米の伝統を楽しむ、という気持ちで試してみる、くらいがちょうどよいのかもしれません。

現代でも話題沸騰！　タマネギ健康法のあれこれ

ここまで、タマネギのパワーは古代から信じられ、ときに頼られてきたことをご紹介しました。中にはおまじないのようなものもありますが、スタミナ食として用いられてきた理由や安眠効果がある理由など、科学的に効果が証明されたものもあることは、先に説明した通りです。

タマネギに含まれる成分の分析が進むにつれ、昔ながらの民間療法とは異なる、科学的な研究に基づくタマネギ健康法が次々登場するようになりました。みなさんも「酢タマネギ」「タマネギ紅茶」「タマネギ氷」「タマネギヨーグルト」など、さまざまな健康法の名前をいくつか知っているのではないでしょうか。昔から健康に役立つといわれているタマネギに「酢」「ヨーグルト」など健康効果の高い食品を組み合わせ、相乗効果を狙うものがほとんどで、それによって次の病気や症状に有効だといわれています。

・高血圧
・高脂血症
・糖尿病
・気管支喘息
・骨粗鬆症
・肝機能の強化
・食欲増進
・精神安定
・不眠症
・抗炎症作用
・殺菌作用
・抗ウイルス作用
・便秘解消

軽い症状の軽減から、怖い病気の予防対策まで、タマネギがまさにオールマイティに健康に役立つ理由は、その成分に含まれる「血液サラサラ効果」に他なりません。

心臓から送り出される血液は、体の内部の奥深くから、末端の指先まで体じゅうを巡っています。しかし、血液の状態が悪くなると、その流れがスムーズにいかなくなります。いわゆる「血液ドロドロ」の状態です。ドロドロの血液は血栓を引き起こして毛細血管に詰まってしまい、それがひどいときには動脈硬化を引き起こしてしまうことがあります。それを防ぐためにも、血液はスムーズに流れるサラサラの状態にすることが理想です。

タマネギに含まれる硫化アリルにはいくつか種類があり、その中のアリシンには血小板の凝固作用を抑制して血液をサラサラにし、血栓ができにくくする効果があります。それだけではありません。アリシンには末梢血管を広げて血行と代謝をアップする、血中の脂質を減らすなど、さまざまな働きで血液が詰まりにくくし、脳梗塞や心筋梗塞を防ぐ効果があるのです。

タマネギに含まれるもうひとつの注目成分は、硫化プロピルで、これを生で食べると血液中のブドウ糖（グルコース）の代謝を促し、血糖値を下げる効果があるため、糖尿病の予防に効果があります。また、硫化プロピルは長時間加熱するとセバリン、空気に触れて酸化するとトリスルフィドという物質に変化します。トリスルフィドには中性脂肪、コレステロールの代謝を促す効果があるため、これも血液をサラサラにしてくれるのです。

血液の状態をよくし、血糖値を改善する上、年間を通じて安価に入手できるタマネギがさまざまな健康法に用いられるのは、もはや必然とさえいえるかもしれません。ピラミッドの時代から現代に至るまで、さまざまな方法で取り入れられるタマネギは美容にも大きな効果を発揮します。これについては、次の章で詳しく説明しましょう。

コラム

タマネギの種類

季節にも地域にもかかわらず、不作のニュースが届いても、スーパーなどからタマネギの姿が消えることはありません。ここまでご紹介してきた通り、健康効果も高いタマネギにはいくつか種類があります。次ページの**表1-2**をご覧ください。

表1-2　タマネギの種類

種類	説明
黄タマネギ	最も一般的なタマネギ。水分が少ない上に収穫してから表面を乾燥させるため、１～２カ月もの長期保存が可能。４月頃が最も出荷が多い。
赤タマネギ	果皮が赤紫で、レッドオニオン、紫タマネギとも呼ばれる。辛味が少なく生食に向く。９月頃が旬。
白タマネギ	果皮も実も白く水分が豊富。サラダオニオンとも呼ばれ、生食に向く。２～４月が旬。
新タマネギ	黄タマネギ、白タマネギを早めに収穫した早生、極早生のタマネギ。甘みが強く、辛味が少なく、みずみずしいので生食に向く。日持ちはしない。
葉タマネギ	タマネギの玉が膨らむ前に収穫したもの。長ネギに似ている。
子タマネギ	サイズの小さなタマネギ。ペコロスとも呼ばれる。果皮の白いパールオニオン、赤いルビーオニオンなどの品種がある。

第2章

誰もが美肌になれる秘密がわかった！

天然に勝る「美しさ」はありません

タマネギの美容効果について説明する前に、まず「美しさ」について語っていきたいと思います。

「美しさ」は人にとって永遠の憧れ。芸術は、まさしく美しさを追い求める心が生み出したものだといえるのかもしれません。そして、自分を取り巻く世界に美しさを求める人もいれば、自分自身の美しさを追求する人もたくさんいます。美しくありたい、できれば永遠に、と願う気持ちに男女の差はないからこそ、さまざまな美容法や化粧術が発展してきたのだといえます。

「美しさ」といっても、その定義づけは困難です。芸術ひとつとっても、古典的な絵画こそが美の極みだという人もいれば、近代の抽象画こそが美である、ギリシャ彫刻が美の原点だなど、結論を出すことはできません。

「人の美しさ」も同じことがいえます。「精神の美しさはすべてに勝る」という論は別格として外見的な美しさだけに限っても「○○人の顔が最も美しい」と人種的な特徴を挙げる人がいるかと思えば、一般的に美人とは評されない顔立ちに対して「とても美しい」という人もいます。中には「目はアーモンド型で大きく、まつ毛が長く、鼻筋が通っていて唇がふっくらとしていて、顔はたまご型で……」と条件を並べる人もいて、なかなか結論が出るものではありません。自分の理想の姿に近づくために誕生し、発展していったのが化粧であり、美容術、といえるかもしれません。

このように、「美しい人」の条件は人それぞれ違い、どれが正しいということはありません。

しかし、おそらくほとんどの人が賛同する「美しさの条件」があります。

それこそが、「素肌美」です。

持って生まれた肌質もありますが、シミやソバカスなど色素のトラブルがなく、艶のある肌を「美しくない」と思う人は、おそらくいないのではないでしょうか。

特に毎日スキンケアをして肌の状態に気を配っている女性なら強く実感しているでしょうが、肌は健康状態を映し出す鏡のようなもの。病気のときは血色が悪く、肌のうるおいも失われ、見るからに「生気がない」といわれるような顔になってしまいます。また、ホルモンバランスが乱れているときに吹き出物やクマができるなどのトラブルに悩まされている人も多いことでしょう。こうした体の健康状態だけでなく、寝不足や食生活の乱れなど生活習慣が崩れているとき、ストレスがたまってイライラしているとき、疲れがたまっているときなど、精神的な不調がシミやくすみなどとなって表れ、ますます憂うつになったという経験のある女性も多いはずです。

肌状態は心身の好・不調を表しているのですから、肌が美しいということは、すなわち心も体も健康である証ということができます。

だからこそ、人は肌の美しさを好ましく思うのではないでしょうか。

同窓会などに出席したとき、全員が同い年にもかかわらず、年齢以上に老け込んでしまっている人と、若々しい人がいることに驚いた経験は誰にでもあるものです。その差は間違いなく「肌」にあります。肌にハリがあって色艶がいい人は実年齢よりも若く見えるし、シワやシミがあり肌の色がくすんでいる人は年取って見えるもの。いわゆる「見た目年齢」を決めるのは、肌の状態だということは間違いありません。

年月を重ねれば、誰しも老いていきます。それを止めることも、時計を逆戻りさせて若返ることもできません。しかし、肌の状態をよくすることで、見た目年齢を若くすることは可能です。

見た目の印象を大きく変え、多くの人が求める肌の美しさ、その条件、秘訣について、詳しく述べていきましょう。

肌の老化は16歳で始まる！

「お肌の曲がり角」という表現は昭和の時代に生まれ、当時は25歳がその曲がり角にあたるといわれていました。24歳くらいまでは肌に目立ったトラブルや難点がなかったけれど、25歳になるとさまざまな肌の悩みが出てくる、つまり肌の老化が始まるというのが「曲がり角」の意味でした。当時は結婚適齢期の24～25歳、女性をクリスマスケーキにたとえて「24歳までは売れるが25歳になったら値引きが必要になる」という、現代では信じられないようなセクハラ表現もまかりとおっていました。

そもそも「老化」とは、生物が年老いていくにつれて現れる現象で、生きていくのに都合の悪い変化のことを指しています。病気は治るが老化は治せない、老いは死に至る生理現象、という言い方をされることもあります。

それぞれがどのような環境で育ってきたか、食生活や運動、ストレス、そして遺伝など個人差が大きいため、老化が始まる年齢を限定することはできません。

しかし、肌に限っていえば、ひと昔前に「お肌の曲がり角」とされた25歳よりも早く、身体の成長が落ち着く17、18歳くらいから肌老化が始まるとされます。

一般的に「肌」と呼んでいるのは、表皮といわれる皮膚表面の細胞で、その下には表皮を支える土台として、真皮細胞が存在します。表皮・真皮を合わせて「皮膚」と呼び、体の成長とともに16歳くらいまでは成長し、広がっていくことがわかっています。ところが、それ以降になると皮膚の一番表面、つまり表皮が生まれ変わるだけで、その土台である真皮は成長を止め、生まれ変わらなくなってしまいます。

20歳前の女性の肌は表面にツヤがあり、みずみずしいうるおいがあるだけでなく、肌に弾力があり、表面だけではなく土台からしっかりと満ちていることがわかります。それは表皮だけでなく、土台の真皮も生まれ変わっているからこそ。ところがその成長が止まると、放っておくとどんどん肌が衰えるようになっていくのです。たとえるなら、今まではクッションの中綿がパンパンに詰まっていたのが、次第に綿がへたってきて、量も減ってしまい、押したときに跳ね返るような弾力が失われてしまう……。この状態が、肌の老化です。

肌の構造を知りましょう

肌の老化を少しでも遅らせ、美しい状態を保つには、まず肌の構造を知っておく必要があります（図2-1）。

皮膚は「表皮」と「真皮」という2つの層から成り立っており、普段「肌」と呼んでいるのは「表皮」だということは、すでに説明した通りです。表皮の厚さは部位によって異なり、手のひらやかかとなどでは０・４ミリメートルくらいありますが、体の中で最も薄い目の周りでは、０・07ミリメートルくらいしかありません。平均すると０・２～０・３ミリメートルとごく薄いのですが、外部からの異物侵入や体内から水分の蒸散を防ぐバリアの役割を果たしています。表皮は、外側から「角質層」、「顆粒層」、「有棘層」、「基底層」の４つの層からなっており、手のひらや足のうらは「角質層」と「顆粒層」の間に「透明層」がある5層構造になっています。

表皮の細胞は一番下の基底層で生まれ、次第に表面に押し上げられていき、表面まで来ると薄く扁平に変形し、最終的には垢となって剝がれおちます。これを肌の角化といい、その落ちる直前に形成される密度の高い層が角質層というわけです。私たちが「肌」と呼んでいるのは表皮のことだと説明しましたが、正確に言えば触れることのできる「肌」とは、角質層のことなのです。

角質層は吸水性の高いケラチンというタンパク質でできた角質が、まるでパイ皮のように何層にも重なってできており、その厚さには人種を含めた個人差があります。

角質細胞は核を持たない、いわば死んだ細胞ですが、その死んだ細胞が壁となって真皮を守っているからこそ、外気にさらされても、空気中に含まれる有害物質が体内に侵入することなく、日常生活を送れるのだといえます。

角質層の下にある顆粒層はケラトヒアリンと呼ばれるたくさんの顆粒からなり、上にある角質、下の有棘層の不均一な構造により光を散乱します。これに加えて表皮細胞の化学的構成成分により、侵入する紫外線の80％強が顆粒層で吸収されます。そして、その下の有棘層は表皮の中で最も厚い構造を持ち、その細胞と細胞のすき間をリンパ液が流れています。リンパ液は核細胞に栄養を送る働きをし、肌の老化を防いでいます。

そして、表皮の最も下にある基底層は円柱

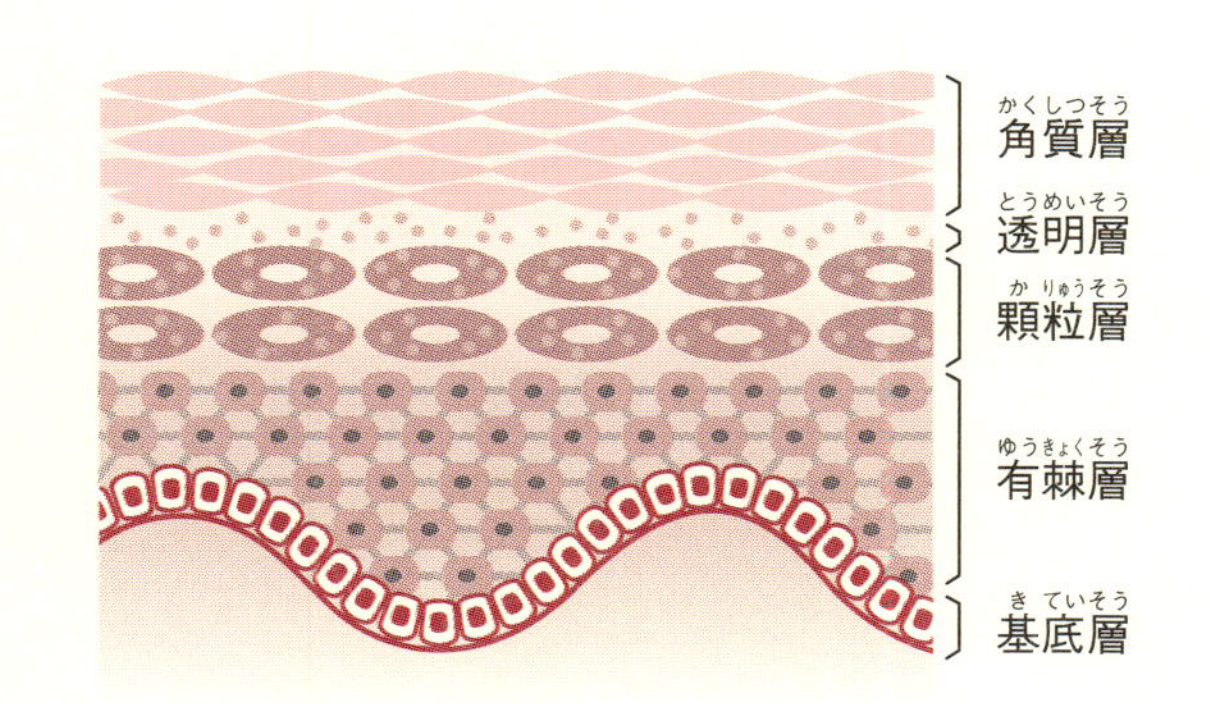

図２－１　表皮の構造

状の細胞が一列に並んだ構造をしています。ここに含まれるメラニン顆粒は紫外線を吸収する働きがあり、人体を紫外線から守る最も重要な防御システムだと考えられています。

基底層で作られた表皮細胞が有棘層を経て顆粒層まで到達するのには14日間、さらに角質層に達し、垢となって剝がれ落ちるまでにはさらに14日間かかります。つまり、表皮細胞の新陳代謝はだいたい28日周期で繰り返され、このサイクルを「ターンオーバー」と呼びます。ターンオーバーの周期は年齢とともに長くなり、個人差はありますが40歳を超えると肌の生まれ変わりに1カ月以上かかるというケースも少なくありません。「年をとったら傷が治りにくくなった」というのは、まさにターンオーバーの周期が長くなっている証拠といえます。

肌の「若さ」を決める真皮層

肌に限らず細胞は毎日少しずつ古くなっていき、やがて死を迎えて剝がれ落ちる一方で下から新しいものが生まれ、常に変化することで同じ状態を保っています。この新陳代謝のサイクルは年齢とともに長くなっていきますが死ぬまで続き、新陳代謝が止まったときに人は死を迎えると言い換えることができます。

表皮の新陳代謝、すなわちターンオーバーも同様で、その期間が長くなったとしても死ぬまで止まることがありません。

ところが、先にも説明したとおり、表皮の下にある真皮は16歳くらいで新陳代謝が止まってしまいます。

普段触れることのない真皮ですが、表皮の弾力性、そして強靭性を担い、維持するという大切な役割を果たしています。

たとえば赤ちゃんの肌を軽く押すとゴムマリのように弾む感触がありますが、老人の肌を押すと抵抗感なく沈むようなゆるさがあります。これは真皮細胞が充実しているかそうでないかの差から生まれているのです。顔の印象も同様です。若いときは内側から張り詰めているように頬が盛り上がっていますが、年を重ねるにつれ頬の内側がゆるくなり、重力に負けて下がってきます。これが「たるみ」の正体です。

つまり、肌の若さを決めるのは、真皮の状態だということができます。

真皮は主に結合組織と呼ばれる強靭な繊維状タンパク質（膠原繊維（こうげんせんい）や弾力繊維）から構成されています。これが、いわゆるコラーゲンです。その間をヒアルロン酸などのゼリー状の基質が水分を抱えながら満たしています。これにエラスチンという繊維状のタンパク質も加わり、肌に弾力を与えているのです。これらの線維や基質を生成する細胞を、線維芽細胞といいます。さらに真皮には血管、皮脂腺、リンパ管、汗腺、毛根などがあり、末梢神経も走っています（**図2-2**）。

　真皮の働きは、コラーゲンやエラスチンなどによって肌を支え、その弾力や形を保つことにあります。そして、真皮の血管はごく細い毛細血管で、さらに下にある皮下組織にある動脈や静脈とつながり、表皮の基底細胞や真皮の線維芽細胞などに栄養や酸素、水分を運び、二酸化炭素や老廃物を運び去る働きをしています。

　真皮のさらに下にある皮下組織は繊維質と

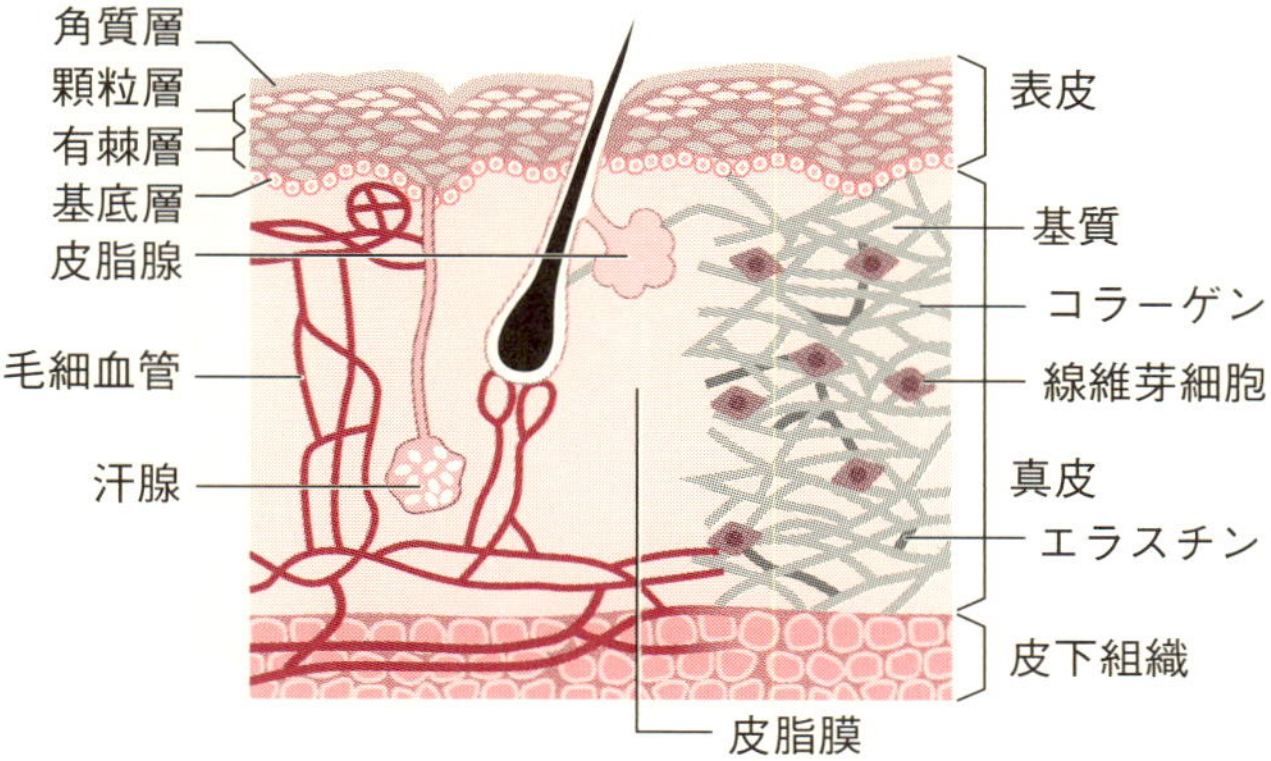

図2-2　皮膚の構造

脂肪からできており、表皮と真皮を一番奥から支えています。皮下組織は大部分が皮下脂肪で、そこに動脈や静脈が通っており、肌に栄養を届けたり老廃物を運び出す役割を果たしています。

皮下脂肪はクッションの役割を果たしているため、外部からの刺激や衝撃を和らげる、熱を伝えにくいという性質から断熱・保温の働きをしているのも見逃せません。もうひとつ見落とせないのが、皮下組織が脂肪という形でエネルギーを蓄えているということです。肥満が気になる人にとって「脂肪」には悪いイメージしかないかもしれません。しかし、体にとって大切な役割を果たしていること、無闇に敵視できないことをどうぞ知っておいていただきたいと思います。

このように、肌は外側から「表皮」↓「真皮」↓「皮下組織」の3層構造になっていて、外部の刺激から体を守っています。「美肌」というと表面にどのような化粧品を使うかということばかりが気になるかもしれませんが、内部の構造とその働きを知れば、表面だけ整えればよいというものではないということや、健康であることが美しさの源であることが理解できるのではないでしょうか。

肌の健康を保つ「皮脂腺」と「皮脂膜」に注目

ここで真皮にある「皮脂腺」について説明しましょう。皮脂腺は手のひら、足の裏以外のほぼ全身に分布しています。

一般的に「毛穴」と呼ばれる毛の生えている部分は袋状になっており、毛のう、または毛包と呼ばれます。毛の付け根（毛根）の少し上に皮脂腺が開いており、毛が生えない唇、乳輪、陰部などには毛包とは関係ない単独の皮脂腺があります。

皮脂腺から１日１〜２グラムの皮脂が分泌され、毛を伝わって皮膚の表面に広がります。毛穴から分泌された皮脂は汗腺から分泌された汗と均一に混じり合い、皮脂膜と呼ばれる薄い層を形成します。皮脂の分泌が多すぎると顔がテカる、脂ぎるといった状態になり、それが毛穴に詰まって化膿するとニキビや吹き出物になることから、皮脂を取り去ったサラサラの肌が理想とされがちで、特に皮脂分泌が盛んな若い世代ではその傾向がより強いといえるでしょう。

しかし、皮脂と汗が混じり合った皮脂膜は油分と水分が混じり合った、天然のクリームとも呼ばれます。肌がギラギラするほど皮脂分泌が多い、ニキビや吹き出物が多いといった肌状態なら洗顔等で皮脂を取り去ったほうがよいのですが、そうでないなら洗浄力の強い洗顔料を使う、一日に何度も洗顔するといった皮脂対策はかえって肌状態を悪くする可能性のほうが強いのです。

皮脂膜には肌のうるおいを保つと共に、肌表面を弱酸性に保ち、細菌やカビの増殖を防ぐ作用もある、美容と健康に欠かせないものだということを、ぜひ理解してください。

「美しい肌」の条件とは

昭和30〜40年代、夏の子供は真っ黒に日焼けするのが当たり前で、夏休み明けに「どれだけ日焼けしたか」を競う大会があったという小学校も多かったといいます。日焼け肌が自慢だったのは子供だけではありません。とくに昭和40年代は大手化粧品メーカーは夏ともなればこぞって日焼け肌のキャンペーンを行っていたし、日焼けを促進するサンオイルは、どこでも売られていました。昭和50年代に入るとサーファースタイルが流行るようになると同時に、日焼けした「小麦色の肌」も夏のトレンドになっていました。

日本では昔から「色の白いは七難隠す」といわれるくらい、白い肌を重んじており、色白であることは美人の条件とさえされていました。昭和の時代に日焼け肌が一大ブームになったのは、日本における美の歴史から見て、とても異質だったということができます。それは21世紀になってからも変わらず、「日焼け肌より色白肌」は常識以前の話で、今の時代に積極的に日焼けしようという人はあまりいないのではないでしょうか。ただし、ヨーロッパでは日焼け肌は長期バカンスに出かけられる階級の証として、現在でも富裕層ほど夏は日焼け肌でいようとしています。

なぜここまで日焼け肌が避けられるようになったかというと、そこには紫外線の害が美容だけでなく深刻な健康問題として、さらに環境問題として指摘されるようになったことがあるのは間違いありません。それまでも紫外線がシミやソバカスを作ることは知られていましたが、それだけでなく皮膚ガンやシワなどの原因になることがわかってくると日焼け肌を求める人は激減し、白い肌こそ美しいと、価値観が１８０度変わってしまいました。

このように、肌色については昭和の一時期を除いて「美白」と言われるように日焼けしていない、白い肌が美しさの基準になっていることは間違いありません。とはいえ、化粧で塗り固めたような不自然な白さというわけではありません。

肌そのものが美しい状態で、日焼けしておらず、シミやソバカス、くすみなどの色素によるトラブルのない肌が「美肌」と呼ばれています。

「肌そのものが美しい」とは、以下の5つの条件をクリアした状態です。

- **うるおいがある**……肌に水分が満ちていて、触れたときに吸い付くようなうるおいがある状態
- **なめらか**…………肌のキメが細かく、陶器のようになめらか
- **ハリがある**………肌の表面がピンと張っていて、ツヤがある
- **弾力がある**………触れたときに弾むような弾力がある
- **血色がいい**………肌にくすみがなく、健康的な血色がある

この5つの条件は、それぞれの頭文字を取って「うなはたけ」と呼ばれ、日頃の手入れで目指すべき理想の肌とされています。

肌の状態は年齢とともに衰えていくのが自然の摂理ですが、紫外線を防ぐ、水分を

与える、血行をよくするマッサージをする、汚れをきちんと落とすなどの基本的な手入れをきちんと行うことで、加齢のスピードを落とすことができます。

「キメ」を手にいれるには「うるおい」が不可欠

「キメの細かい肌」は昔から美肌を表す常套句でした。先の美肌の条件にも「キメ」は「なめらかさ」として入っていますが、「キメ」は、表皮にある皮溝（ひこう）という縦横に交わる細い線が決めてとなります。線同士に挟まった表皮は少し盛り上がった皮丘（ひきゅう）という状態になります。皮溝同士が作る縦横の線が整っており、皮丘がふっくらと盛り上がっていると光を跳ね返して肌表面になめらかさが生まれます。これが「キメの細かい肌」と言われる状態です（**図2-3**）。

肌のキメは生まれつきのもので基本的に変えることができません。しかし、肌に水分を与えて乾燥を防ぐことで角質層がうるおいに満ちた状態になり、光を跳ね返すツヤのある状態にすることができます。すると、皮溝や毛穴が目立たなくなり、キメが整ってみえるようになります。

つまり、キメをつくるのはうるおい、ということ。化粧水などで外から水分を与えるだけでなく、こまめに水を飲むなど内側からの水分補給も忘れてはなりません。美肌は体の中と外からの心遣いから生まれるのです。

皮丘が規則正しく整っていると光を反射しやすく、ツヤと透明感を生み出します。
「つるんとした陶器のような肌」とは、キメが整っている状態です。

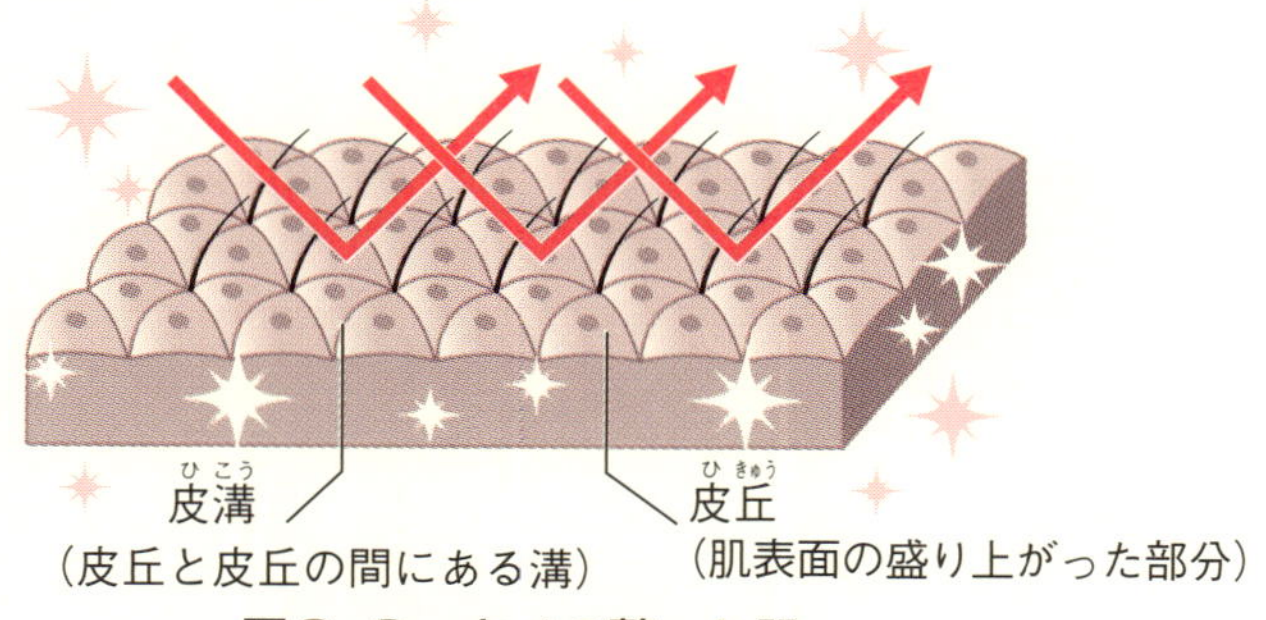

図2-3　キメの整った肌

肌の若さを決めるのは「ハリ」と「弾力」

美しい肌の第一条件がうるおいに裏付けられたキメとするなら、若さを決めるのはハリと弾力だといえるでしょう。ハリと弾力は同じものとされることもありますが、ハリとは肌の表面がピンと張った状態のこと、弾力は肌表面、つまり表皮だけでなく、その下にある真皮、皮下組織に力があり、触れたときに跳ね返すような密度があることをいいます。

ハリと弾力は、皮膚の95％を占める真皮が表皮をしっかりと支えていることが条件となります。肌を支える土台は真皮の中で網目のように存在するひも状の線維、膠原線維コラーゲンと弾力線維エラスチンで、このふたつが健康な状態なら、肌は弾力を保ち、弾力のある真皮に支えられた表皮にもハリが生まれます。

ところが先に説明した通り、真皮の生まれ変わりは16歳くらいで止まってしまい、そのあとは放っておけば年々減少する一方。コラーゲンもエラスチンも減少する、変性を起こすなど、いわゆるクッションがへたってしまった状態になります。すると真皮は弾力を失い、皮膚全体がゆるんで下がってしまいます。これが「たるみ」と呼ばれる状態です。そればかりか、土台がゆるんだことにより、表皮のハリも失われてしまいます。

皮膚に触れたとき、肌がふにゃふにゃと柔らかく、つまんでひっぱると伸びる状態が、ハリと弾力が失われた状態です。

つまり、ハリと弾力を生み出すのは、真皮のコラーゲンとエラスチンがしっかりしているかどうかによって決まります。さらに真皮に支えられた表皮がうるおいに満ちてキメの整った状態なら、ツヤとハリのある若々しい肌という印象になるというわけです。

いま、コラーゲンが配合された化粧品は少なくありません。しかし、肌に塗布した化粧品が真皮にまで浸透する可能性は極めて低く（厚生労働省が定めた医薬品医療機器等法では、化粧品は表皮より下に浸透してはいけないことになっています）、コラーゲンを増やすよりコラーゲン線維を壊さないこと、肌への水分補給を欠かさないことが重要なのです。

健康的な印象を決める「血色」

心臓は1分間に60〜90回鼓動を打っています。1分間に70回としても1日に10万回以上心臓は拍動し、全身のすみずみに血液を届けています。

血液には細胞に酸素を届けると同時に二酸化炭素や老廃物を運び去るという役割があり、健康維持に欠かせません。ところが、血液の状態がよくなかったり、血液の量が足りない、拍動が弱いなどの理由で血液がすみずみに行き渡らないと、体のあちこちに支障が出てきます。その最初の症状と言えるのが、手足など末端の冷えと、肌の色ツヤが悪くなること。血液や血行の状態が悪いということは血液が酸素や栄養をスムーズに運んでくれないということですから、顔色が青白くなるだけでなく肌が乾燥するなど表皮の状態も悪くなります。また、血液が十分に届いておらず、栄養不足の状態になると新陳代謝も滞りがちになってしまいます。

「血色がよい」とは、血液の状態も量も申し分なく、流れもよく酸素や栄養がきちんと届いている状態。すると、毛細血管を流れる血液が透けているように、肌はうっすらとピンク色になります。それだけでなく、肌にツヤも生まれてきます。

肌の血色をよくするには、マッサージなど物理的な刺激を与えたり、入浴などで体温を上げるのもひとつの方法ですが、それよりも食事をきちんと摂って栄養状態をよくすること、適度な運動で血行をよくすることも欠かせません。

顔色や肌の状態は血液の状態、つまり健康であるかどうかを映し出す鏡のようなもの。全身の状態がよければ、必ず肌の状態はよくなります。その上で肌に害を与えるものを排除することが、美肌を手にいれるために欠かせない工夫といえるでしょう。

「美白」が目指すのは健康で美しい肌

「美白」という言葉が一般的になって久しくなりました。もともとは日焼けを防ぎ、夏でも白い肌を保つための化粧品ということで生まれた言葉ですが、今では夏だけでなく、年間を通して「美白」は美容のキーワードになっています。

古来より白い肌が美人の条件とされていた日本ではとくに「美白」に対する意識が強く、「より白い肌に」という願いに応えようと、化粧品のみならず美容医療でも「白い肌へと導く」製品開発や技術開発が進んでいます。

では、「美白」とはどのような肌を指すのでしょうか。おそらく、多くの人が「美白とは白い肌のこと」と思っているのかもしれません。そもそも、人にはそれぞれ生まれ持った肌の色があります。白人のような肌色を持つ「色白」もいれば、生まれつきうっすらと日焼けしたような「地黒」の人もいます。これは生まれつきのものですから、変えることはできません。色白の人がいくら日焼けしても赤くなるばかりで、いわゆる「小麦色の肌」になることはありません。それと同様に、地黒の人が美白化粧品を使ったり、美容医療やエステサロンで美白コースの施術を受けたとしても、生まれ持った肌色以上に白くなることも、ましてや色白になれるわけでもありません。そもそも化粧品や美容医療などで使われている「美白」という言葉は「メラニンの生成を抑えてシミ、そばかすができるのを防ぐ」または「日焼けによるシミ、そばかすを防ぐ」という意味でしか使ってはいけないことになっています。つまり、そもそも「今あるシミ、そばかすを薄くする（または消す）」「肌の色を白くする」という意味ではないのです。ところが、その言葉の印象からか、たとえば布地などに対して漂白剤を使うなどして元の色を消して白くするように、肌の色を薄くし、白くできると期待している人は少なくありません。

生まれ持った肌の色を変えることはできない、これが基本なのです。

しかし、矛盾しているようですが、どのような肌の色だとしても、状態をよくすることで白くなったように見せることはできます。

まず、もっとも重要なのは紫外線による日焼けを防ぐこと。紫外線に当たると表皮の一番下にある基底層に存在するメラノサイトという細胞を刺激します。メラノサイトは絶えず自らが作ったメラニン色素を表皮細胞に送りこみ、紫外線による害が体の内部に侵入することを防いでいます。ところが、過剰に紫外線を浴びるとメラノサイトが必要以上に刺激され、大量のメラニン色素が分泌されることになります。さらに、通常よりもメラニン色素の色を濃くすることで強い紫外線から肌を守ろうとするわけです。これが日焼けの仕組みです。

普通なら、ターンオーバーによって日焼けした表皮細胞が剥がれ落ち、やがて通常の肌色に戻りますが、過剰に分泌されたメラニン色素が肌に残ることがあります。これがシミとなってしまうのです。

また、皮脂分泌が過剰で肌が油分過剰の状態になり、さらに紫外線や外気に含まれる有害物質などの影響で皮脂が過酸化脂質に変質すると、肌の色が曇ったようになります。これが「くすみ」と呼ばれる状態です。

また、水分が不足すると表皮の角質細胞の透明感が失われてしまいます。この仕組みは、ティッシュペーパーを思い浮かべるとわかりやすいかもしれません。ティッシュペーパーを目の前に広げても向こう側を見ることはできませんが、霧吹きなどで少し湿らせると曇りガラスのように向こう側にあるものの色やシルエットがぼんやりと見えるようになります。表皮の一番上にある角質層は死んだ細胞が重なりあってパイのような層を形成しているということは先に説明した通りですが、角質が乾いていると透明感が失われ、にごったような肌の色になります。これも、肌の色が黒く見える原因です。

血行のよしあしも肌の色に影響します。血液の循環がよい肌はほんのりピンク色でツヤがあるため、肌の色も明るく見えます。

「美白」とは、生まれ持った肌の色を白くすることではありません。今よりも肌の状態をよくすることで肌の透明感を得ることで、肌の色を明るく、輝くように見せることをいうのです。

肌の敵、紫外線の正体を知ろう

先に少し触れた「日焼け」について、さらに詳しく説明しましょう。

日焼け肌が流行していた当時、若い人たちは、本格的な夏が訪れる前に紫外線に体をさらし、一生懸命日焼けをしていたといいます。中には自宅の庭やベランダに寝そべって肌を焼いていた人もいたとか。その頃青春時代を送っていた人の多くは今では50代。当時の日焼けを後悔している人も多いのではないでしょうか。

昭和の時代、紫外線を浴びることを否定的に捉える人はほとんどいませんでした。

紫外線は体内でビタミンDを合成し、足の骨が変形する「くる病」を防ぐため、とくに乳幼児は積極的に日光浴することが推奨されていました。これは戦時中から戦後にかけて、栄養不良からくる病になる子供が多かったことが原因と考えられます。少しでも病に苦しむ子供を減らすために、手軽な日光浴が勧められたのでしょう。さらに、日光に当たっていない青白い顔よりも日に焼けた肌のほうが健康的に見えるということで、日焼けが推奨されたのではないでしょうか。

しかし、ご存じの通り、紫外線に対する意識は「健康的」から「体に害を及ぼす」と大きく変容しました。そのため、母子手帳から「日光浴」の表現が消え、今では「外気浴」に替えられました。そして、今では積極的に日焼けしようとする人はほとんどいなくなり、夏のレジャーのお供は日焼けを促進するサンオイルからサンスクリーン、つまり日焼け止めに替わりました。紫外線の量が増えてくる6月くらいから、外出するときは日傘が手放せない人は年々増え、今では男性のユーザーも珍しくなくなっています。誰もがこぞって強い日差しの下で日焼けしようとしていた時代から思えば、隔世の感があります。

しかし、「紫外線は人体に有害」「肌の大敵」ということは知っていても、なぜ紫外線が体に悪いのかがよくわからないという人もいるのではないでしょうか。

紫外線が人体に有害なのは、「日焼け」だけが理由ではありません。

そこには「紫外線」という光線の性質が大きく関わっているのです。

太陽から地球に届く光線は、人の目に見える「可視光線」のほか、「赤外線」「紫外線」「Ｘ線」「ガンマ線」に分けることができます。そして、「紫外線」はその波長が長いものから「Ａ波（ＵＶＡ）」「Ｂ波（ＵＶＢ）」「Ｃ波（ＵＶＣ）」に分類できます。**図2-4**で左側に記されているものほど波長が短く、そして人体への影響が大きくなります。しかし、波長が短いものは地球を取り巻いているオゾン層に阻まれ、地上に届きません。表中の「ガンマ線」「Ｘ線」、そして「ＵＶＣ」がそれに当たりますので、必要以上に心配することはないでしょう。

ＵＶＡとＵＶＢのうち、日焼けを起こすのはＵＶＢ。長時間日光を浴び続けると肌が真っ赤に焼けたり、水ぶくれになる「サンバーン」と呼ばれる日焼けや、メラニン色素を増やして肌を黒くする（サンタン）の原因です。ＵＶＢはエネルギーが強く、表皮の細胞を傷つけたり、炎症を起こすため、シミの、そしてひどい場合は皮膚ガンの原因となります。しかし、波長が短い分オゾン層や雲に阻まれ、地上に届く量は全紫外線の約10％、ごく少量です。そのため、日傘を使う、日陰を歩くなどできるだけ日光にあたらないようにすることで、ある程度防ぐことができます。

ところが、ＵＶＡは長時間浴びてもサンバーンやサンタンを起こすことなく、肌に急激な変化を与えません。そのため、肌への影響は少ないように思えますが、ＵＶＡはＵＶＢより波長が長いため肌の奥深くまで届き、ゆっくりとさまざまな影響を及ぼすことがわかっています。表皮を通り抜けて真皮層のコラーゲン繊維を壊してシワやたるみの原因になるなど、長い時間をかけて少しずつ肌質を変えていくのがＵＶＡなのです。しかも、ＵＶＡは波長が長いためオゾン層を通り抜けやすく、ＵＶＢの20倍もの量が地上に降り注いでいます。さらに、直射日光に当たらない限り影響を及ぼさないＵＶＢとは異なり、曇っている日でも、カーテン越しでも通り抜けてしまう性質を持っています。ＵＶＡを防ぐには、室内でも対策が必要なのです。

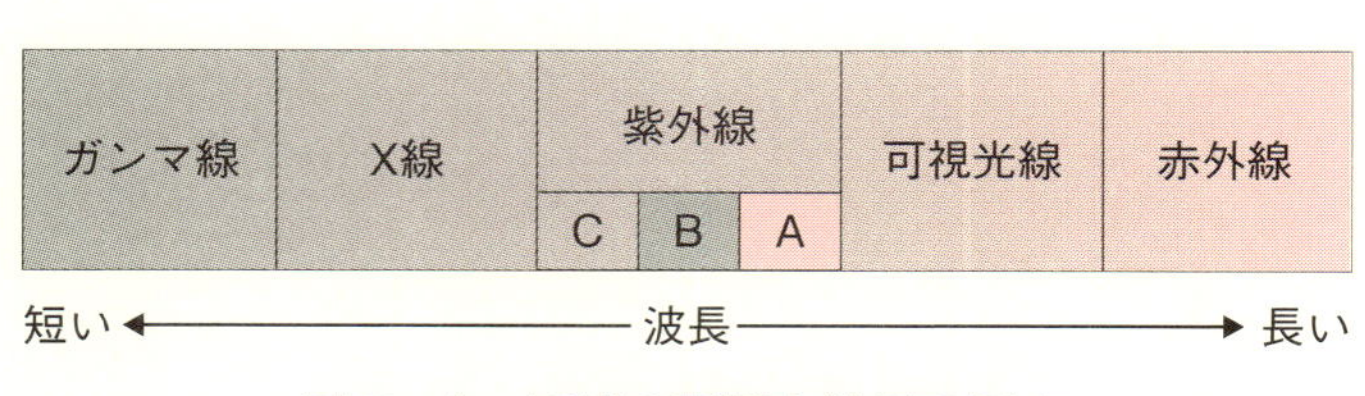

図2-4　日光の種類と波長の長さ

見落とせない「酸化」の怖さ

肌を老化させる最大の原因として、長く紫外線が挙げられていましたが、ここ数年それ以上に警鐘が鳴らされているのが、「酸化」の害です。

酸化とは、物質と酸素が結合する化学反応のこと。鉄などの金属を長く放置するとサビが浮いてきたり、食べ物を空気に触れる状態で放置すると変色する現象のことをいいます。りんごを切ったまま放っておくと、みずみずしかった表面が乾き、やがて茶色になる現象を思い浮かべるとわかりやすいでしょう。

そもそも酸素は生きていくために不可欠なもの。呼吸によって体内に取り込んだ酸素は血液に溶け込んで全身に運ばれ、栄養素と結びついてエネルギーになります。しかし、その一部は化学反応が起こりやすい「活性酸素」となります。活性酸素そのものは免疫力を上げるために必要な物質ですが、増えすぎることでさまざまな害を与えるようになります。その状態を「身体の酸化」と呼んでいます。

活性酸素が増える原因はさまざまあり、ストレスや偏った食生活も大きな要因ですが、自動車の排気ガスや残留農薬、食品添加物、焼却灰に含まれるダイオキシン、シックハウス症候群を引き起こす新建材に含まれる接着剤や防腐剤、食べ物に蓄積される環境ホルモンなどの化学物質も活性酸素を増やす原因になっています。

こうして列記すると、現代人の生活は、活性酸素を増やす原因に囲まれていることがわかります。

活性酸素が発生すると、体内のタンパク質やＤＮＡが傷つけられ、その働きを低下させます。さらに、生命活動の主役といえる２つの物質が傷つけられることで動脈硬化や細胞のガン化を引き起こすこともあります。

生きていくために酸素を取り込む以上、活性酸素の発生を完全に防ぐことは不可能といえます。しかし、身体は決して活性酸素の攻撃に対して無防備というわけではありません。身体の中ではＳＯＤ（スーパーオキシドディムスターゼ）などの抗酸化酵素を生み出すことで活性酸素の攻撃から身体を守っています。また、ビタミンＣなどの抗酸化物質を摂取することも、活性酸素からの防御に役立っています。

ところが、年齢を重ねるにつれ、抗酸化酵素の働きが弱くなり、身体が酸化しやすくなっていきます。高齢になるほど各臓器の働きが弱くなり、ガンや心臓や血管の疾患などさまざまな病気が多くなるのは活性酸素による酸化が原因という説もあります。

活性酸素を発生させる大きな原因に紫外線があることでもわかるように、肌は酸化しやすい特性があります。紫外線が肌の奥まで入りこみ、コラーゲン繊維を破壊することはすでに説明しました。活性酸素はそもそもこうした紫外線の害から身体を守るために体内で発生するのですが、あまりにも発生量が多いと肌が酸化してしまいます。

活性酸素はコラーゲン繊維を壊すだけでなく、コラーゲンをつくる働きそのものを弱くしてしまいます。コラーゲンが減ることによって肌のハリや弾力が失われ、深いシワができるようになります。また、細胞が傷つくことにより、新しい肌へと生まれ変わるターンオーバーがスムーズに行われなくなるという影響もあります。ターンオーバーが滞ると、古い角質が肌の上に厚く残ることによって透明感が失われ、肌色がくすむ、酸化した皮脂が毛穴に詰まり、ニキビや吹き出物の原因になるなど、さまざまなトラブルが起きるようになります。つまり、肌の老化が進んでしまうのです。

紫外線が肌にとって有害であることは間違いありません。しかし、紫外線だけでなく酸化がその害をさらに大きくしていることを忘れてはなりません。紫外線を防ぐとともに、活性酸素を防ぐ「抗酸化」を常に意識することが、肌の老化を防ぐ切り札となるのです。

肌に合った化粧品が最高の化粧品

美しい肌でいたいと思うのは、ほとんどの女性の願い。だからこそ化粧品会社は研究を重ね、毎年膨大な数の新製品を発表しているといえます。そしてさまざまなメディアでは次々と新しい美容法や健康法が紹介され、人々は今度こそ、という期待を胸に新製品に手を伸ばしたり、新しい方法に挑戦しているのではないでしょうか。

おそらく、普段、「洗顔」→「化粧水」→「乳液またはクリーム」という手順が一般的なスキンケアの方法でしょう。美容液や美容オイルを使う人もいれば、ひとつで化粧水からクリームの役割まで果たすオールインワンタイプの化粧品を使う人もいるでしょうが、基本的に「肌の汚れを落とす」「水分を補給する」「栄養を与える」という手順に変わりありません。

では、この手順のうち、最も重要なものはどれでしょう。こう質問すれば、きっと「栄養を与える」という回答が多いのではないでしょうか。確かに、化粧品会社が次々と発表する新製品の多くは美容液やクリームなど「栄養を与えるもの」がメインになることが多く、注目を集めています。

しかし、肌表面に塗ったクリームや美容液はすぐに浸透すればいいのですが、量が多すぎる、浸透力が不足しているなどの理由から肌の上に残ることがあります。化粧品をつけたあといつまでも肌がベタベタする、という状態です。これは空気中のホコリや枕の汚れが付着しやすくなるだけでなく、肌の上の化粧品が酸化する原因となります。つまり、肌がきれいになるどころか、肌を酸化させ、老化を進めているようなものなのです。

また、油分が多く浸透しにくい化粧品を使うと毛穴が詰まりやすく、ニキビや吹き出物の原因になることもあります。これは肌の油分が不足している乾燥肌向きの化粧品を、皮脂分泌が多い脂性肌の人が使うことで起こるトラブルです。

化粧品の技術は日進月歩、新しい化粧品ほど効果が高いように思いがちですが、残念ながらそれは錯覚と言わざるをえません。よい化粧品とは、なにより自分の肌にあったもの。肌によくなじみ、浸透しやすく、いつまでも肌に残ることがない化粧品を選ぶことが重要です。

スキンケアの基本は「与える」より「落とす・取り去る」

乾燥肌が気になれば保湿化粧品、シミができれば美白化粧品、シワができればアンチエイジング化粧品などと、肌の悩みあると、どうしても化粧品は「悩み対応」のものを選び、与える一方になりがちです。しかし、つい見落としがちなのが「落とす・取り去る」というスキンケアではないでしょうか。

肌表面は皮脂と汗が混じり合った皮脂膜で覆われています。これは天然のクリームと呼ばれるほど、上質な保湿剤です。年齢とともに皮脂の分泌が衰えるため、天然のクリームだけでは足りなくなりますが、そもそも肌は保湿機能を持っていると言うことができるのは間違いありません。

ところが、肌は付着したものを取り去る機能は持ち合わせていません。子供の肌を思い浮かべてください。皮膚疾患がある場合や乾燥する季節は別として、ほとんどの子供は化粧水もクリームも必要としません。しかし、汗やホコリなどの汚れを落とす必要はあります。つまり、子供にとってのスキンケアは「落とす・取り去る」だけで十分だということがわかります。

子供と大人では肌の特性が違うため、まったく同じというわけではありません。しかし、「落とす・取り去る」が重要だということに変わりはありません。

特に現代は汗やホコリだけでなく排気ガスなど化学物質による大気汚染、副流煙によるニコチンの害などで肌は汚れる一方。しかもメイクをする女性の場合、ファンデーションなどのメイク化粧品も肌にとっては異物であり、汚れの一種。紫外線の害を防ぐために肌に塗った日焼け止めも、肌にとっては異物、汚れですし、浸透せずに肌に残った化粧品も汚れです。こうした汚れが皮脂と混ざり合い、さらに紫外線が降り注ぐことで活性酸素が発生します。

つまり、自分で想像する以上に肌は汚れ、常に酸化の危機にさらされているのです。こうした汚れをきちんと落とさずに化粧品をつけても、たとえそれがどんなに美容効果が高く、そして高価なものだとしても、それは威力を発揮することはありません。

スキンケアで素肌を美しくしようと思うと、「与える」ことばかりに意識が向かいがちですが、実はそれよりも重要なのが、肌の汚れを「落とす・取り去る」という基本的なケアなのです。

「落とす・取り去る」のスキンケアには２つの種類があります。

・ホコリや汗など水溶性の汚れを落とす……洗顔
・ファンデーションや過剰な皮脂など油溶性の汚れを落とす……クレンジング

「洗顔とクレンジングが一体になった」と謳われる洗顔料もありますが、そうした中には洗浄力が強いため、肌本来のうるおいまで落としてしまった結果、乾燥がひどくなってしまうものもあります。また、「肌本来のうるおいを落とさず肌に優しい」と謳われるクレンジングもありますが、汚れを落としきれず、肌にメイク汚れが残ってしまうものもあります。汗に強い、肌にしっかり密着する、シミなどを隠す効果が高いファンデーションを使っているなら、油性の汚れをしっかり落とすクリームタイプのクレンジングを使った上で、肌にクレンジングが残らないようしっかりと洗顔する必要があるし、ファンデーションを塗らない、軽い白粉くらいというなら油分の多いクリームタイプではなく、さらっとした乳液タイプのクレンジングを使う、または洗顔だけにするなど、どのようなメイクをしているかによって「落とす・取り去る」のケアを考えることも重要です。活性酸素を落とす効果のあるものを選べば、さらによいのは言うまでもありません。

肌を守ることが美肌につながる

肌に美容成分を与えるよりも、ついた汚れを「落とす・取り去る」ことのほうがスキンケアでは重要だということは、すでに説明したとおりですが、もうひとつ見落とすことのできないスキンケアがあります。

それは、「肌を防御する」ということです。

肌にとって、そして身体にとって最高の環境とは羊水に満たされた胎内かもしれません。そこには身体を痛めつける有害物質もなければ、酸化を進めるものもありません。人は生まれ落ちた瞬間から紫外線や活性酸素を含むさまざまな刺激と有害物質と戦わなければならないのです。しかし、それは決して悪いことではありません。人はさまざまな物質に触れることで免疫力が高まり、病原菌やアレルギー物質と戦い、打ち勝つことのできる健康な身体を手にいれることができるのです。最近、多種多様な「除菌」「抗菌」を謳う商品が登場するようになり、とくに子育て中の母親の信頼を得ています。しかし、過剰な清潔志向が子供たちから免疫力や抵抗力を奪い、かえって病気にかかりやすくなる、アレルギーを起こしやすくなるなどの弊害が生まれています。多少は菌に接していたほうが健康になれることは、とくに子育て中の人には知ってほしいと思います。

とはいえ、紫外線や活性酸素を含む有害物質は身体を酸化させ、細胞を傷つけ、病気を招く原因になるので、できるだけ防ぐことは不可欠といえます。

肌を守るには、次の方法があります。

・日中はたとえ室内にいるとしても日焼け止めを使う
・外出するときは日傘や帽子を使い、紫外線を防ぐ
・ファンデーションを塗り、化粧をする

日焼け止めやファンデーションは肌にとって負担になる上、酸化を招くこともありますが、物理的に紫外線や有害物質から肌を守るには有効な手段です。肌にぴったり密着させ、完全に覆うことで防御の効果を上げるものもありますが、パウダーなどを使って光を乱反射させることで肌を守るものもあります。前者は汗や皮脂などによって流れ落ちにくいため効果が長持ちし、化粧がきれいに仕上がるという特性がある一方で、肌への負担も大きくなるという難点があります。後者は汗や摩擦で落ちやすいため効果が持たない、肌への密着度が低いため顔が白浮きしてしまうという難点がある一方で、肌への負担が軽く、落とすのも簡単という長所があります。

外出するとき、人と会うときはしっかりと密着するファンデーションなどで肌を守り、出かけないときや誰にも会わないときは密着度の低いパウダーで防御するなど、長所と短所を見極め、目的に応じて使い分けるようにしたいものです。

第3章

美しさをつくるタマネギの力

注目される「アンチエイジング」

具合が悪くなれば、ほとんどの人は病院に行き、治療を受けています。医学は病と戦うこと、そして健康を取り戻すことをテーマに進歩してきたといえるでしょう。病気知らずで病院とはほとんど縁がない人生を送るため、健康を目指し、心がけて生活する人は昔からたくさんいました。

しかし、１９９０年代にアメリカから「加齢に伴う病気の発生確率を下げ、健康長寿をめざす医学」、つまり「抗加齢医学」、すなわち「アンチエイジング医学」が発祥しました。日本でも２００３年に「日本抗加齢医学会」が設立され、一般の人にも浸透していきました。

健康な人を「０」とすると、病気はマイナスの状態になります。従来の医学は、マイナスにいる人を０に引き上げることを目指していましたが、抗加齢医学では「０」からさらにプラスに上げていくことを目指しています。

具体的には骨や筋肉の衰え、動脈硬化やがんを始めとする生活習慣病の影響でリスクが高まるさまざまな病気などに対し、その原因を抑制することによって老化の進行を遅らせることを目指す医療を指しています。病気の治療には薬、さまざまな化学療法、外科手術などがありますが、抗加齢医学ではサプリメントや食事、運動療法を通して生活習慣の改善を指導することが主になっています。

抗加齢医学の中でも女性に関心が高いのが「アンチエイジング美容」でしょう。今までは、肌のうるおいやハリは失われて、肌の色がくすむ、たるんでくる、シミやシワが増えるなど、年齢を重ねるほど「肌変化」が表れるのは抵抗しようのない自然の摂理とされていました。そして、これらの「肌変化」は「老化」の象徴として、自分の人生が「老年」というステージに入ったことを知り、さまざまなことを諦めていくというのが、年齢を重ねていくことだと、多くの人は受け入れていったのではないでそうか。

ところが、「アンチエイジング医学」が注目されるようになると、人々の意識は変わっていきました。

年齢を重ねるにつれ、老いのサインが肌に刻みつけられていく人がいる一方で、「アンチエイジング医学」の助けを借りて、いくつになってもハリのある肌を保っていたり、シワやたるみを最小限に抑えられている人が多くなりました。

化粧品のコマーシャルなどで「見た目年齢」という言葉が使われるようになるほど、

「アンチエイジング医学」のサポートを受けているかどうか、そこまでしなくても日常的に「アンチエイジング」を心がけているかどうかで、たとえ同い年でも「年相応かそれ以上」に見える人と、「実年齢以下」に見える人がいるなど、他の人と外見で大きな差をつけることは不可能ではなくなりました。

しかしその一方で次々と表れては消えていく「アンチエイジング美容法」や「アンチエイジング成分」に戸惑い、何を使えばいいか、何をするのが正解なのかがわからなくなっている人も多いのではないでしょうか。

または、美容医療の施術や化粧品など、新しいものが出るたびに好奇心旺盛に飛びついて、効いているのかどうかもわからなくなっている人もいることでしょう。

肌を美しく保つことは、若々しさを保つこと。肌にとってなにがよいのか、この章でご紹介していきましょう。

アンチエイジング効果のある成分とは

肌を美しく保ち、実年齢よりも若々しい見た目を維持する……それは、古今東西を問わず、多くの人が望んできたことといえます。そして、その願いを叶えるため、大昔からさまざまなものが「若さの妙薬」「美の秘訣」として取り入れられてきました。たとえば、クレオパトラは毎日バラの香油を垂らした湯に浸かって美しさを保っていた、楊貴妃はライチを常食していたなど、その例は枚挙にいとまがありません。

若さと美しさを保つためにどのようなものを使うかは、時代によって移り変わります。植物や野菜、果物から泥、塩などのミネラル、プラセンタと呼ばれている動物の胎盤を美の妙薬として用いる文化もありました。

大昔は美しくなることを期待して、こうしたものを食べたり顔や体に塗るなどしていましたが、科学技術の進んだ現代では、美容効果がある成分のみを抽出したり、そうした天然成分に近いものを合成するなどしてより高い効果を引き出すことに成功しています。

そうして完成した「美容成分」も、時代によって移り変わりがあります。たとえば、肌を白くする、シミを薄くする、シワを改善するなどの効果があるビタミンＣや肌のハリを保つコラーゲン、そして若々しい肌をつくるといわれるプラセンタなどは、それぞれ大ブームと言えるほど大きな注目を集め、次々と化粧品が生まれました。もちろん、これらの美容成分は単なる人気商品というわけではなく、いずれも肌に対する効果が折紙つきです。初登場で大きな話題となったあとも使われている、定番と呼んでも差し支えありません。しかしその一方で、一時期話題になったものの、その後すっかり名前を聞かなくなった一過性の成分もあります。

そうした中で、ここ数年で注目を集め、その高い効果で「定番」といえる存在になりつつある美容成分があります。

それが、ケルセチンです。まだ「聞いたことがない」という人でも、「ポリフェノールの仲間」と言われればピンとくるかもしれません。

そこで、ケルセチンの前に、まずはポリフェノールから説明しましょう。

発見されたポリフェノールの健康効果

ポリフェノールとは、「たくさんの（＝ポリ）フェノール」という意味を持つ植物成分です。植物が日光に当たることで起きる光合成によって生じる植物の色素や苦味の成分で、植物細胞の生成や活性化を助ける働きがあります。古くから香料や色素として食品や化粧品に使われてきました。しかし、その名前は決して「一般的」とはいえないものでした。

ポリフェノールという成分名が広く知られるようになったのは、１９９２年のこと。フランスのボルドー大学の科学者が「疫病調査によると、乳脂肪消費量が多いと心臓病での死亡率が高い。しかしフランスなどでは他の西欧諸国よりチーズ、バターなどの乳脂肪や肉、フォアグラなどの動物性脂肪を大量に摂取しているのに心臓病の死亡率が低い。その理由は彼らが日常的に飲んでいる赤ワインにある」というようなことを発表したことがきっかけになりました。このことは「フレンチパラドックス」と名付けられ、日本を含む世界中で空前の赤ワインブームを引き起こしたことを覚えている人は、多いことでしょう。

このフレンチパラドックスを引き出す成分こそが、赤ワインの原材料である赤ぶどうの皮に含まれる色素、すなわちポリフェノールです。

ポリフェノールを摂取すると、動脈硬化や脳梗塞、虚血性心疾患、心筋梗塞を防ぐため、赤ワインは心臓病だけでなく虚血性心疾患、動脈硬化のリスクを下げる効果があることも同時にわかりました。

こうした健康効果は、ポリフェノールの持つ抗酸化作用によるものです。

前章で肌老化の大きな原因に「酸化」があることをお伝えしました。繰り返しますが、酸化とは空気中に含まれる酸素から変化した活性酸素に触れることによって細胞が傷つき、劣化することで、空気に触れた鉄が赤く腐食する「サビ」は、酸化の代表的な例です。

ポリフェノールは植物が活性酸素から自身を守るために作り出す物質で、子孫を残すための種子や紫外線による酸化ダメージを受けやすい葉や果実の皮などに多く含まれています。植物色素成分なので、葉や種子、果実の色が濃ければ濃いほどポリフェノールの含有量が多く、抗酸化作用も強くなります。ワインなら、ぶどうの果皮や種ごと発酵させる赤ワインはポリフェノールが豊富ですが、果皮や種を取り除いてから仕込む白ワインはポリフェノールの量が赤ワインの半分以下しかありません。ちなみに、白ワインはポリフェノールの含有量が少ないものの、分子が小さいために吸収がよく、抗酸化作用が早く現れるという説があることもご紹介しておきましょう。

高い抗酸化作用で注目されるポリフェノールですが、その種類は５０００以上あるといわれています。**図3-1**に代表的なポリフェノールの種類と含まれる食品をあげましたので参考にしてください。

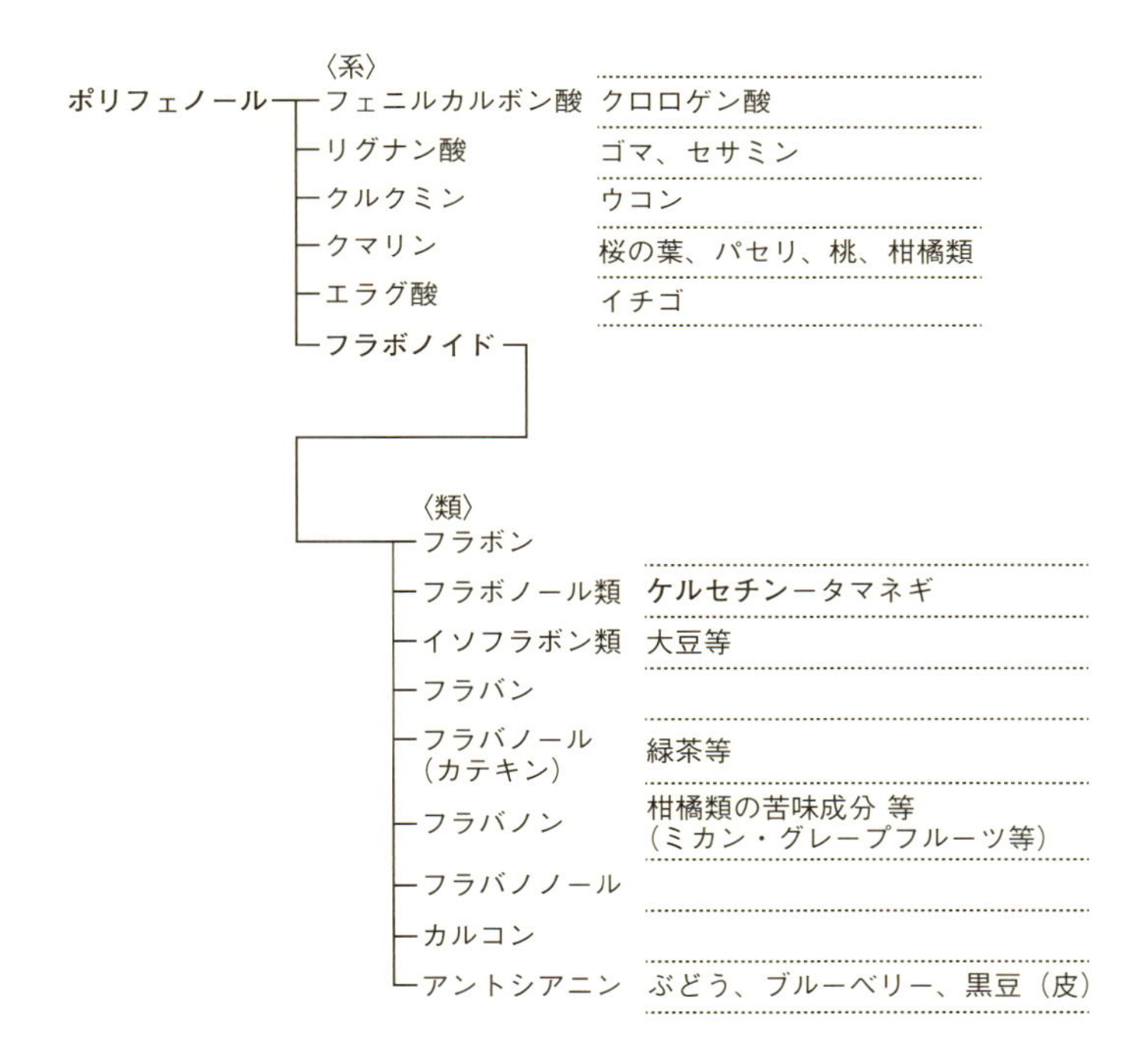

図３-１　ポリフェノール

http://healthfood2013.web.fc2.com/healthfood/foodmistake43A.htmlより引用。

タマネギの皮に含まれるケルセチンの力

ケルセチンとは、**図3-1**を見てもわかるように、ポリフェノールの一種であるフラボノイドの仲間。他のポリフェノールと同じように、紫外線による害から身を守るだけでなく、菌などの感染や昆虫から食べられるのを防ぐために生成されていると考えられています。

ほとんどの植物は自らの色素や苦味成分としてポリフェノールを持っており、植物の種類によってポリフェノールの種類も異なります。ケルセチンは野菜や果物にもっとも広く存在するフラボノイドで、りんご、サニーレタス、ブロッコリー、モロヘイヤなどに含まれます。しかし、それらのケルセチン含有量は決して多くありません。植物中、ケルセチンの含有量が最も多いのはタマネギの外皮なのです（**図3-2**）。

タマネギはビタミンBを始めとする豊富な栄養を含んでいます。しかし、それは皮をむいた実のこと。ところが、いつもは捨てている黄褐色の硬い外皮にはケルセチンが豊富に含まれています。

タマネギは種から発芽し、まるで葉ねぎのような細長い葉が伸びて成長します。「ねぎ坊主」と呼ばれる葉の先についた小さな緑色の実が大きくなってタマネギになると勘違いする子供もいるそうですが、実が成長するのは土の中。葉の根が球状に育ったものがタマネギです。土の中で育つため紫外線による細胞破壊の害を直接受けることはありません。しかし、菌などによる感染や昆虫などに食べられる危険には常にさらされています。それらの害から実を守っているのが、外皮に含まれるケルセチンなのです。

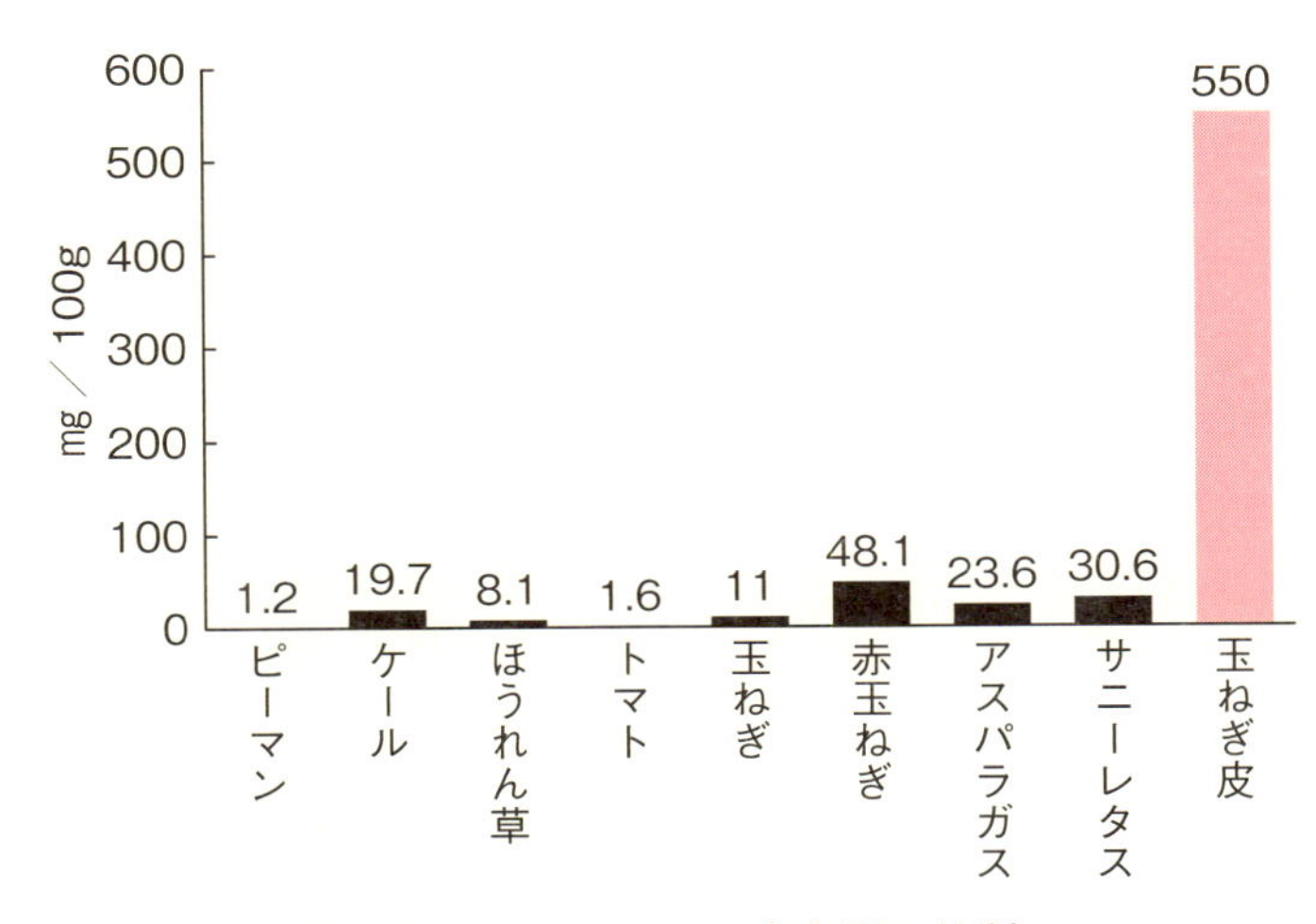

図３-２　ケルセチン含有量の比較

日本食品科学工学会誌題52巻第４号一部抜粋。

国立研究開発法人　農業・食品産業技術総合研究機構　調査・報告（野菜情報2018年３月号）一部抜粋。

平成24年度地域の食品機能性研究者・研究機関等データベースの構築事業　一部抜粋。

ケルセチンは優秀な抗酸化成分

ケルセチンはビタミンPとも呼ばれます。ビタミンにはCやD、A、E、K、そしてB群がありますが、「ビタミンP」というものは聞いたことがないという人がほとんどではないでしょうか。それもそのはず、ビタミンPは正確にはビタミンではなく、「ビタミン様物質」と呼ばれるもので、歴史上誤ってビタミンと分類されてしまったものなのです。ビタミンPはケルセチンだけでなく、そばに含まれるルチン、温州みかんや八朔、橙の果皮などに含まれるヘスペリジンなども含まれ、いずれもフラボノイドの一種です（**図3-3**）。

ケルセチンの特徴は、なんといってもその強い抗酸化力で、フラボノイドの中でも特に強い抗酸化活性を示すといわれています。それだけではなく、ビ

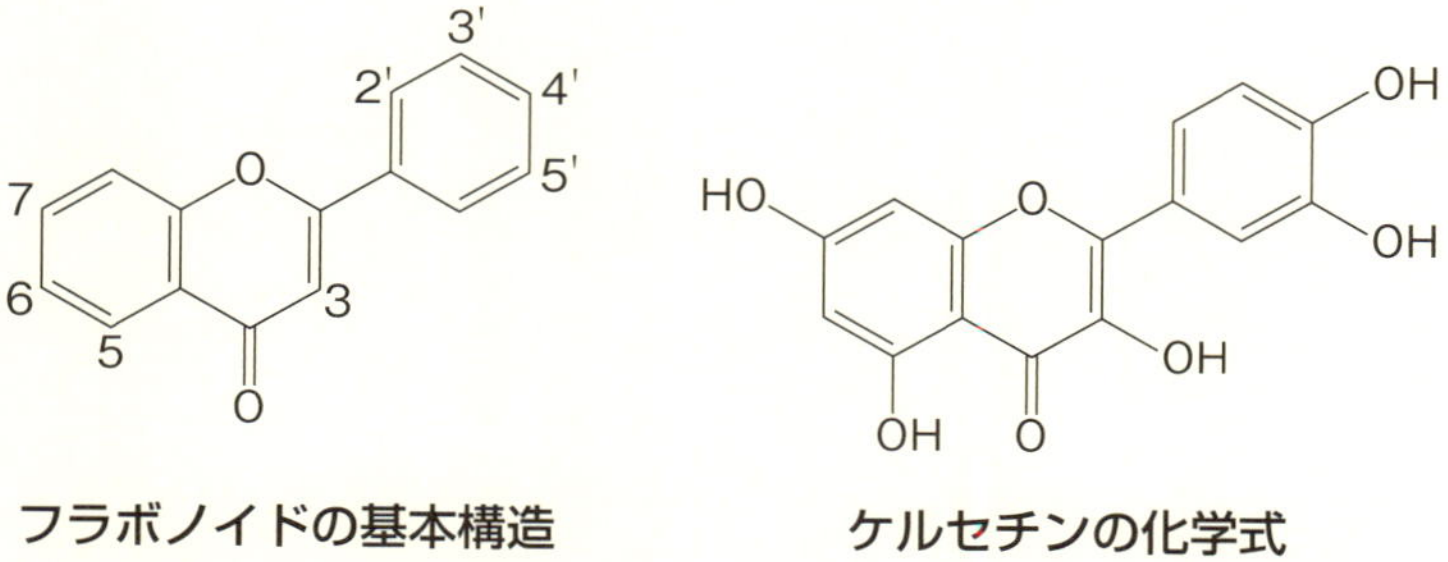

3'
2'
4'
5'
7
O
6
3
5
O
フラボノイドの基本構造

OH
HO
O
OH
OH
OH
O
ケルセチンの化学式

図3-3　フラボノイドとケルセチン

タミンＣの持つ優れた抗酸化作用を支える役割をも持っています。つまり、ケルセチンはそれ単体での抗酸化力に加え、ビタミンＣの抗酸化力をサポートしているのです。他のフラボノイドの中でも抗酸化力が強い理由がここにあります（これらの健康効果については次章で詳しく説明します）。

ケルセチンはさまざまな植物に含まれている成分ですが、最も含有量が多いのはタマネギの外皮だと説明しました。その他、ピーナッツの皮やそば殻などにも多く含まれることがわかっています。いずれも食べられる部分ではなく、本来は捨てる部分に含有量が多いのは、ケルセチンが活性酸素やさまざまな害から実を守る効果が高いことを示しているといえるでしょう。

ケルセチンとエコロジーの関係

タマネギの外皮は収穫されたあと、集荷・出荷時に自然に剥がれ落ちてしまいます。さらに飲食店や家庭で調理されるときにすべてむかれ、生ゴミとして廃棄されます。

日本のタマネギ生産量は年間１００万トンを超えますが、そのうち集荷・出荷時に剥がれ落ちる外皮は約1万トン、ファミリーレストランなどから産業廃棄物として放出される外皮は約5万トンだといわれます。このように大量に廃棄物として出るタマネギの外皮は燃えにくく腐敗しにくいという特徴があります。以前、農家がタマネギの外皮を処分するため、農地に埋めて堆肥にしようと試みたところ、10年経っても腐ることがなく、かえって病害が発生してタマネギの収穫量が大きく減少したという報告もあります。近年、ブランドとしても確立した全国2位のタマネギ生産地、淡路島ではJAあわじ島が出荷時に出た外皮を処理するため、産廃処理業者に年間1600万円を支払い、兵庫県は2億円で焼却炉を設置して毎年数千万円かけてタマネギ外皮を焼却しています。また、外食産業ではタマネギの外皮を廃棄するため、1キロあたり約35円以上の産廃処理料を支払っています。これがタマネギの消費を減らす一因になっているのが現実なのです。タマネギの外皮は農業生産とその消費に大きな支障を及ぼすだけでなく、焼却処理する際に使用する化石燃料、そして焼却時に排出される炭酸ガスは地球環境にとって大きな負荷となります。

このように、地方財政にも環境にも負担にしかならないと思われていたタマネギ外皮には、ケルセチンという抗酸化作用の強い物質が豊富に含まれています。これを有効活用することは美容・健康だけでなく、環境にとっても有益といえるでしょう。

つまり、タマネギの外皮からケルセチンを抽出して活用することは、人の健康だけでなく、地球環境にとっても有益なのです。

ケルセチン配糖体とケルセチン組成物

ケルセチン組成物は、神戸大学大学院農学研究科・金沢和樹教授が研究開発した特許技術「ケルセチンの抗菌活性の応用」によって抽出された成分のことで、おもにケルセチン、ケルセチン配糖体、プロトカテキュ酸から構成されています。ケルセチン組成物の抗菌作用、抗酸化作用、紫外線防止作用はケルセチン単体の場合と比べて5〜15倍強い作用を示すことがわかっています。その効果をご紹介しましょう。

・細菌に対する抗菌作用

グラム陽性菌、特にブドウ球菌に対する増殖抑制効果があります。抗生物質に対する耐性を持った黄色ブドウ球菌MRSA（メチシリン耐性黄色ブドウ球菌）、ニキビの原因となるアクネ菌、虫歯の原因となるミュータンス菌にも同様に効果が高いことがわかっています（**図3-4**）。

・**抗酸化力**

一般的に抗酸化力が強く、抗酸化物質の代表格ともいわれるアスコルビン酸（ビタミンC）とケルセチン組成物を比較すると、ケルセチン組成物は3倍以上の抗酸化力があります（**図3-5**）。

・**紫外線防御作用**

紫外線の中でもA波（UV-A）、B波（UV-B）を防ぐ作用があるため、紫外線が肌細胞にダメージを与え、老化を進めることから肌を守る効果が高いことがわかっています（**図3-6**）。

このようにケルセチン組成物は多くの効果がある上に天然物質由来のため安全性に富んでいることが大きな特徴です。

肌が弱い、アレルギーがあって肌トラブルがあるという人はもちろんのこと、環境への負荷を考えて自然志向の高い人に最適な美容成分だということができます。

次の項から、さらに詳しく美容効果について述べていきましょう。

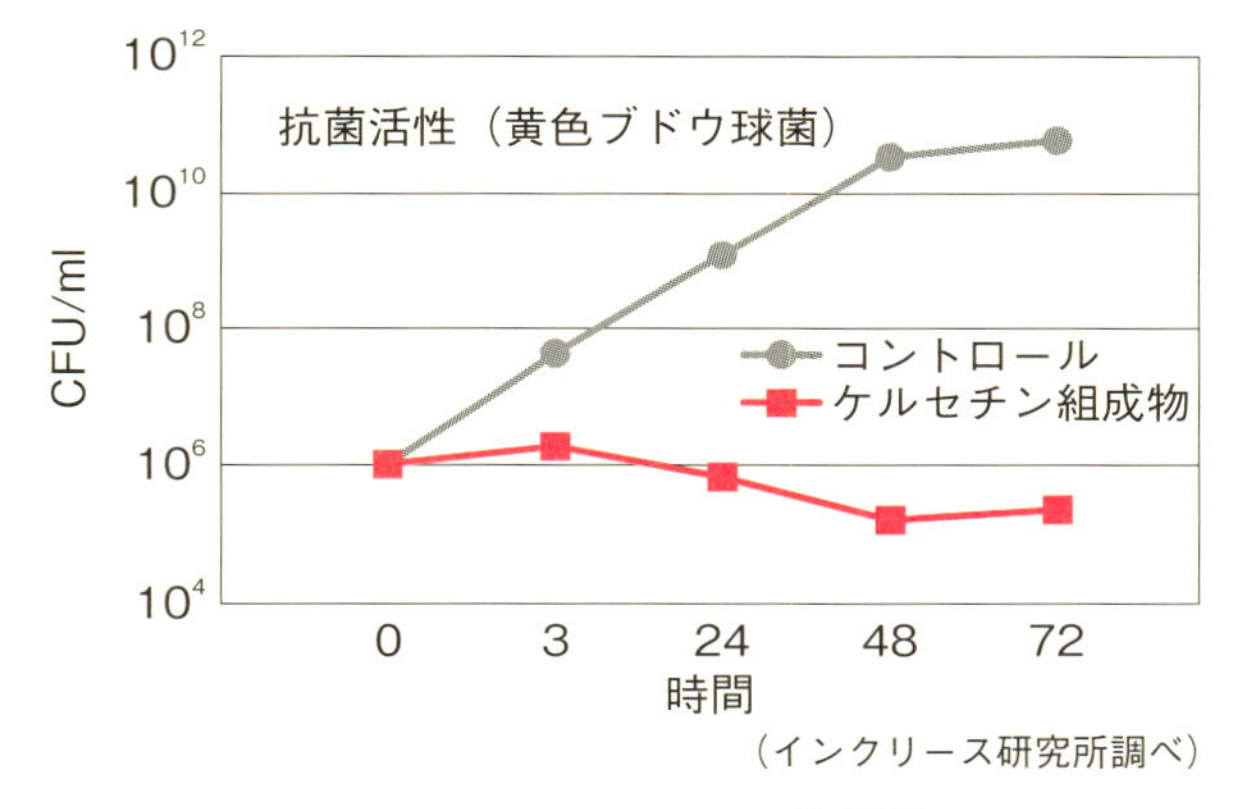

図３-４　ケルセチンの抗菌作用

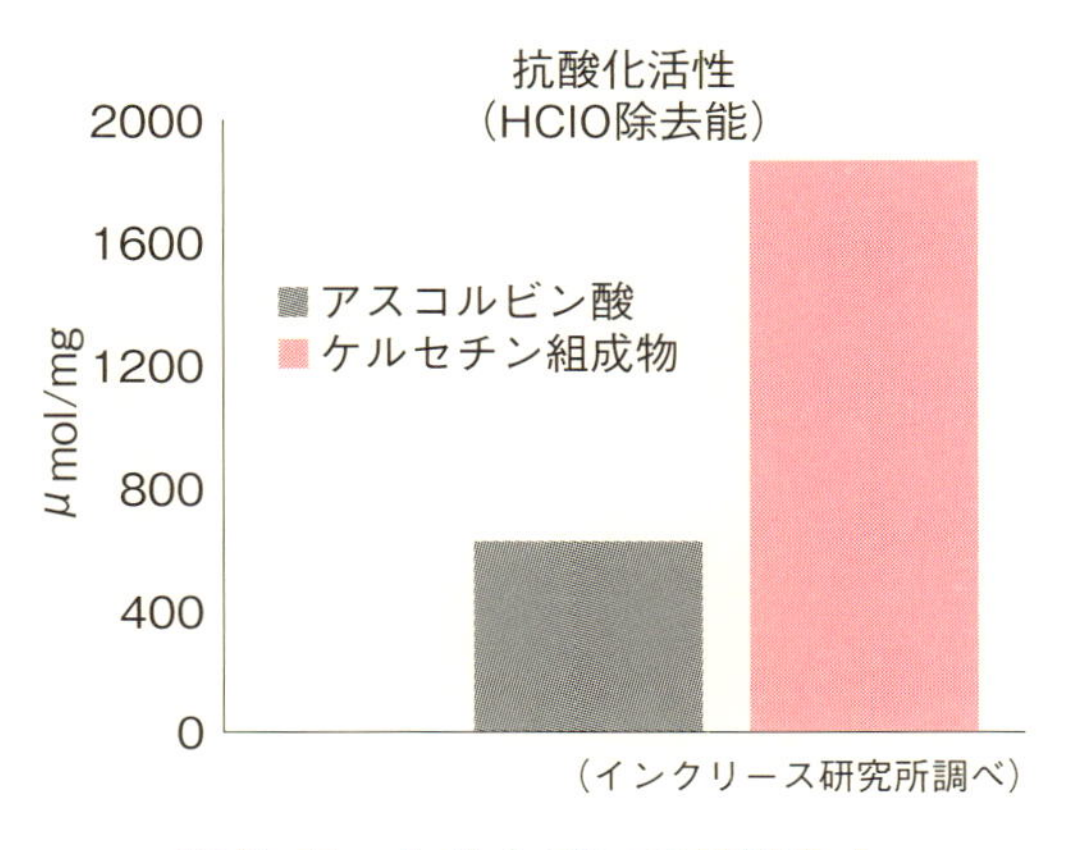

図３-５　ケルセチンの抗酸化力

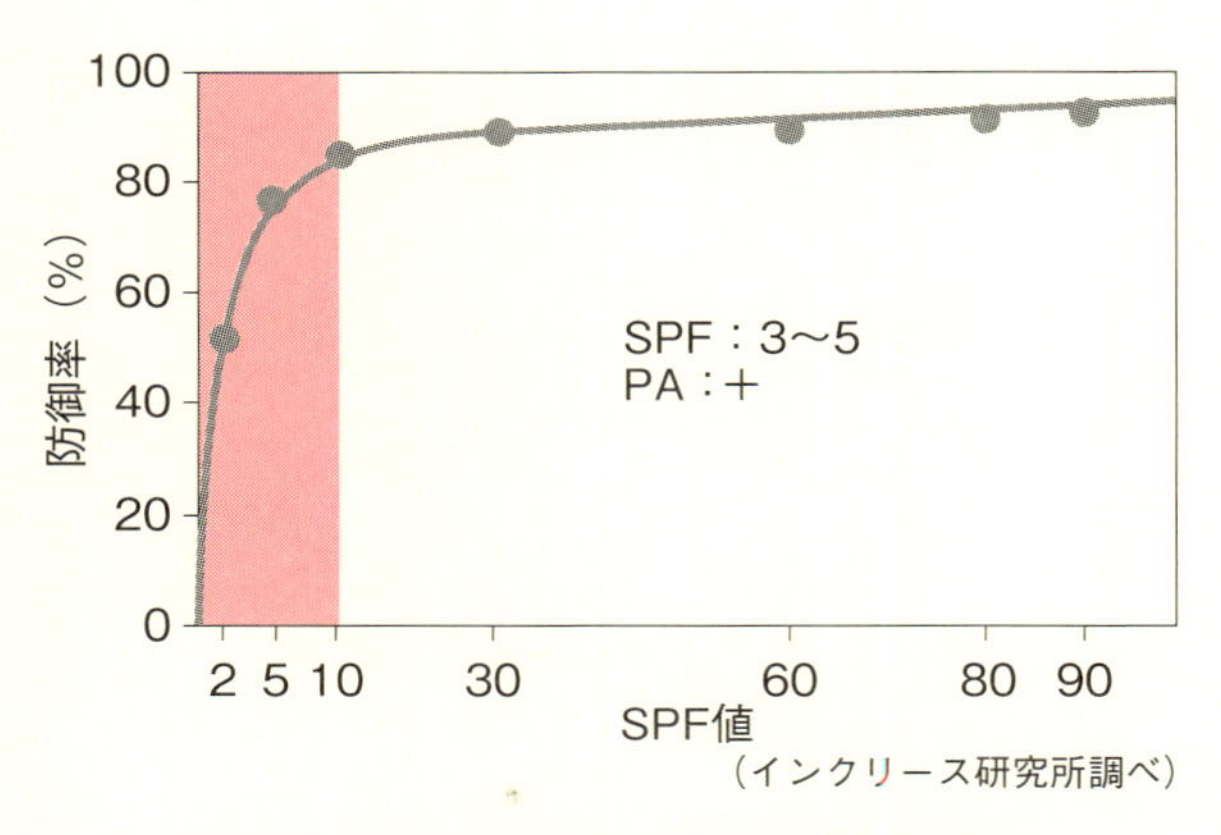

図3-6　ケルセチンの紫外線防御作用

ケルセチンの美容効果① 抗菌作用

皮脂分泌が活発な若い世代や生まれ持った肌質が油分の多い脂性肌の人の場合、最も頭を悩ませるのはニキビや吹き出物ではないでしょうか。

ニキビや吹き出物は、過剰に分泌された皮脂が毛穴に詰まり、そこにニキビの最大原因であるアクネ菌が繁殖することで起きる炎症です。

ニキビ対策では、洗顔がとても重要です。なぜなら、洗顔によって余分な皮脂や汚れを洗い落とせば、ニキビ菌の繁殖を抑えるだけでなく、過剰な皮脂が汗と混ざり合って酸化することによって起きる肌荒れを防ぐこともできるからです。

肌の上で増殖するのはアクネ菌だけではありません。食中毒の原因となる黄色ブドウ球菌もアルカリ性の汗に反応して増殖する性質があります。汗をかいてもタオルやハンカチで拭き取らず、そのままにしている、一日の終わりにシャワーや風呂などで肌についた汗を洗い流さないでいると肌がむずむずしてかゆくなることがあります。つい汚れているせいと考えがちですが、これこそが黄色ブドウ球菌が繁殖している証拠。その状態で食器や食べ物に触れたからといってただちに食中毒になる危険性はそう高くありません。しかし、疲労やストレスなどで体調を崩していると免疫力が落ちて菌に対する抵抗力が弱くなっているため、本来なら感染しない病気にかかることもあります。また、汗によるかゆみを放置しているとあせもや肌荒れを起こすことがあるため、抗菌力のある洗浄剤で清潔を保つことが必要です。

清潔志向が高くなっている現代では、「除菌」「抗菌」を謳う商品が数多く出回っています。アクネ菌や黄色ブドウ球菌だけでなく大腸菌やサルモネラ菌、肺炎球菌など重篤な病気の原因となる細菌や、インフルエンザウイルス、ノロウイルスなどのウイルスも多いため、除菌や抗菌は現代社会に必須と考える人が多くなるのも不思議ではありません。

しかしその一方で、清潔志向の度合いが過剰になり、極端な潔癖になってしまう人が増えているのが問題になっています。

子育て中の親を始めとする若い世代にその傾向が強く、「不特定多数の人が触ったつり革や手すり、ドアノブなどに触れることに対して強い抵抗がある」「おにぎりや寿司など他人が直接触れたものを口にすることを拒む」といった性質が強くなります。

潔癖が極端になると一日に何回も手洗いをする、自分または子供が触れる前に必ず除菌シートや消毒スプレーを使用する、抗菌を謳うものを積極的に選ぶといった行動に出がちです。

身の回りを清潔に保ち、菌を徹底的に防ぐことは悪いことではないと考えがちですが、いきすぎた潔癖は健康に害をもたらすことを知る必要があります。

「菌」と聞けば反射的に悪いものだと考えがちですが、すべてが悪者というわけではなく、人体にとって有用な菌もあることを忘れてはなりません。

一時、「肌には目に見えないダニがたくさん住んでいる」と話題になったことを覚えているでしょうか。肌の一部を拡大するともぞもぞと動くダニがいる映像はインパクトがあり、除菌や抗菌を謳う化粧品や洗顔料などがヒットする原動力にもなりました。

肌ダニは顔ダニ、ニキビダニとも呼ばれ、すべての哺乳類の毛包部の分泌腺に寄生しているといわれます。特に人は顔の皮脂腺が発達しているため、顔に多く生息しています。ニキビダニという別名はあるもののニキビや皮膚疾患の数ある原因のひとつにすぎず、特別な存在ではありません。むしろ、余分な皮脂を食べて顔の皮脂バランスを整える有益な存在なのです。また、腸内や口、鼻の中、生殖器、肌には常在菌と呼ばれる無害な細菌が存在していることはよく知られています。こうした菌類が人の健康に影響を及ぼすことはほとんどありません。むしろ、安定して存在することにより、侵入した病原生微生物の繁殖を抑制し、発病を防ぐ効果もあるのです。

ところが、潔癖志向が著しく高まると、強い除菌・殺菌剤を日常的に使うことにより、常在菌の数を極端に減らしてしまうといったことが起きてきました。その結果、他の細菌やカビなどが爆発的に繁殖して病気になったり肌トラブルを引き起こすことが増えています。

清潔に保つことは大切なことですし、感染を防ぐための除菌も必要です。しかし、たとえばアルコールなどの化学物質による徹底的な除菌や洗浄は決して体のためにならないことは認識しておくことが大切です。

図3-7～**3-9**に黄色ブドウ球菌、アクネ菌、そして虫歯の原因となるミュータンス菌それぞれに対するケルセチンの抗菌効果を表すグラフを掲載します。ケルセチンが高い抗菌作用を持っていることはこれらのグラフからも明らかです。

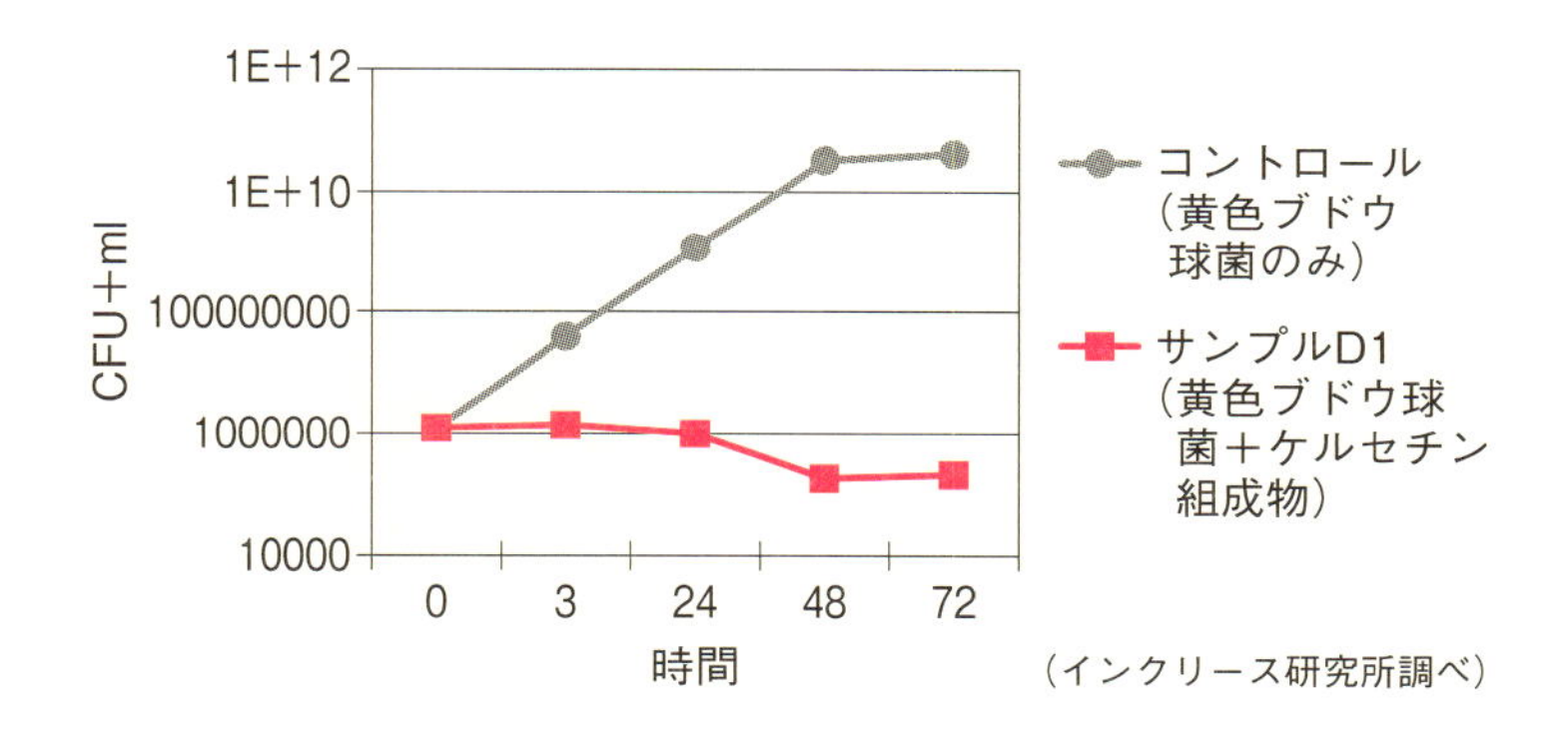

図3-7　ケルセチン組成物の抗菌活性（黄色ブドウ球菌）

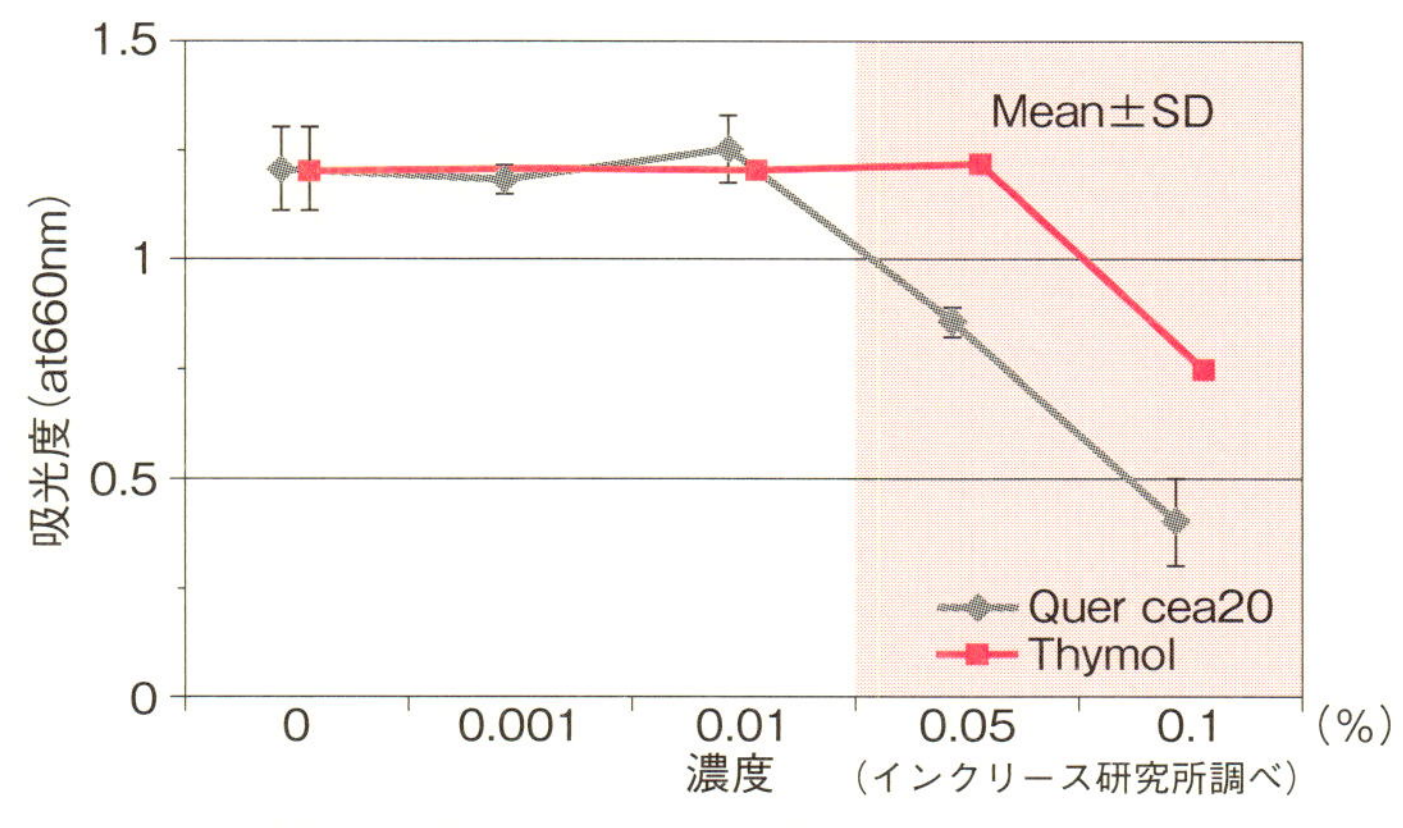

図3-8　アクネ菌に対する抗菌効果の比較

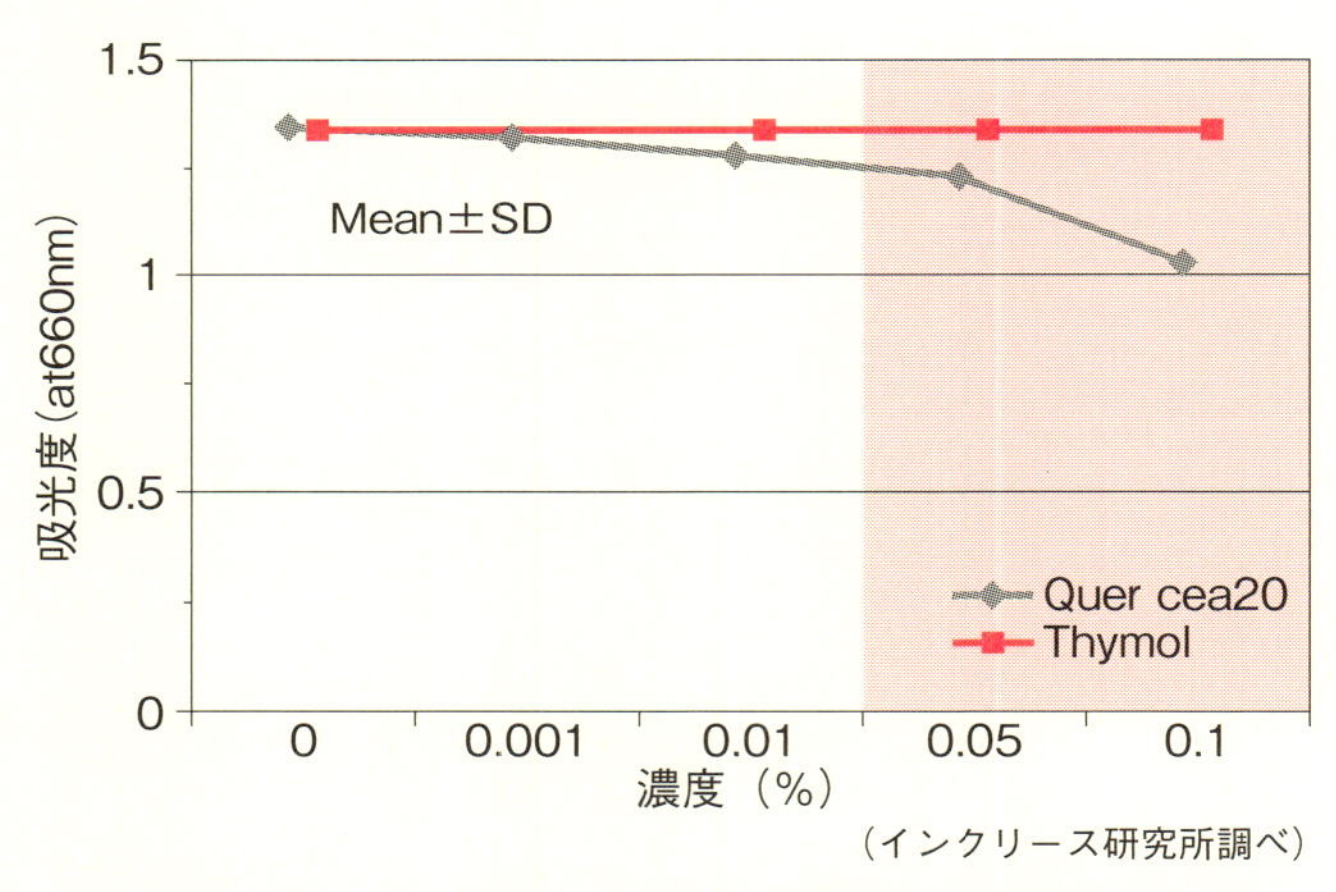

（インクリース研究所調べ）

図3-9　ミュータンス菌に対する抗菌効果の比較

ケルセチンの美容効果② 抗酸化活性

ハリがあってみずみずしかった肌にシワやシミ、たるみといった変化は加齢によって訪れる避けられないものだとされていました。しかし、同じ年齢でも10歳以上年上に見えるほど肌が衰えている人もいれば、10年前と変わらない肌状態を保っている人もいます。それまでに浴びていた紫外線量や食生活、喫煙や飲酒の有無、日常的な肌の手入れ方法の違い、さらに睡眠時間を含む生活習慣など、肌状態の違いを生み出す要因はいくつもあるように思えます。しかし、こうした肌老化を引き起こす原因の多くは「活性酸素による酸化」で説明できるのです。

たとえば、紫外線は日焼け肌が流行した１９７０年代以外のすべての時代で「肌に悪いもの」とされてきました。「紫外線」が発見される前から、「日に当たると肌が焼ける」「肌が日焼けするとシミやソバカスになる」ということや、「室内にいることが多い人は日焼けしないため肌が白くキメが細かい」ことは知られていました。「色の白いは七難隠す」といわれ、日焼けしないように注意していたという記述は古くから見ることができます。

しかし、紫外線が肌に悪いのは「日に焼けて肌が黒くなり、シミやソバカスになる」ということが理由ではありません。正確には「紫外線が体内の活性酸素の発生に大きく影響するから」なのです。

前章でも説明した通り、活性酸素が体内で生成されるのは紫外線や化学物質などの害から身を守るためであり、それ自体が完全に悪役というわけではありません。しかし、活性酸素が増えすぎると、シミやソバカス、シワといった肌老化を招いてしまいます。

そもそも人は体内で「抗酸化酵素」という天然の抗酸化物質を作り出しています。そのため、紫外線を始めとするさまざまな有害物質が体内に入りこんでも、体が酸化し続けることはありません。しかし、あまりにも活性酸素が増え続けると体内の抗酸化酵素では処理しきれなくなってしまいます。さらに年齢を重ねるにつれて抗酸化酵素の働きが弱くなってしまいます。「若いときは日焼けしてもすぐに元に戻った」とか、「肌の調子が悪くても若い頃は一晩眠れば元に戻ったのに、年をとるにつれて戻りにくくなった」など、さまざまな場面で感じる肌老化は、体内の抗酸化酵素が足りなくなったこと、働きが弱くなったことと無関係ではありません。抗うことのできない自然な加齢現象ですが、オゾン層の破壊による紫外線量の増加や日常生活に入り込んでくる化学物質、大気汚染、そしてストレスによる免疫力の低下など、ひと昔前より今の時代は体内で活性酸素が発生しやすい時代だということができます。だからこそ、抗酸化物質を取り入れ、少しでも酸化を防ぐことが若さと健康を保つために欠かせません。

ここまで述べてきた通り、ケルセチンはポリフェノールの一種であるフラボノイドの仲間であり、フラボノイドの中でももっとも強い抗酸化力を持つ成分です。少しでも日々の食事に摂り入れるようにすると同時に、サプリメントや化粧品などを活用することで活性酸素から体を守ることは、これからますます重要になることは間違いありません。

図3-10にケルセチンが含まれる食品とその含有量を掲載しますので、日々の献立作りに役立ててください。

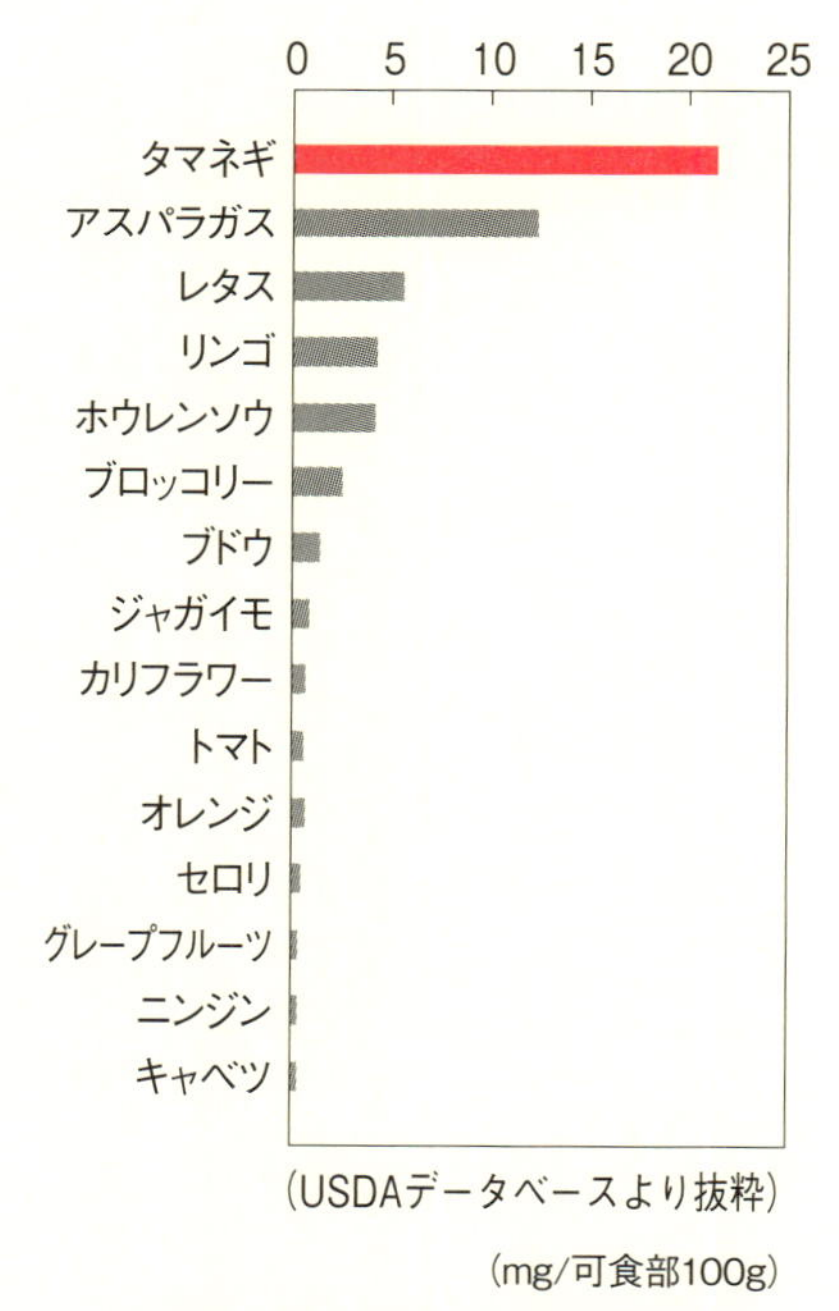

図3-10　ケルセチン含量

ケルセチンの美容効果③ 紫外線防止効果

植物が育つために必要なものは、水と日光です。もちろん、よりよく育つためには肥料などの栄養分も必要ですが、絶対に不可欠というわけではありません。栄養分がほとんどないような痩せた土地でも、十分な日照と水さえあれば、枯れて死んでしまうことはないのです。

その理由が、「光合成」です。光合成とは、ごく簡単に説明すれば光エネルギーを使って水と空気中の二酸化炭素から栄養分となる炭水化物を合成する仕組みのことを言います。植物が光合成の水を分解する過程で生じた酸素を大気中に供給しているからこそ、地球は生物が住める環境になっているといえるでしょう。

このように、植物にとって日光、すなわち太陽はなくてはならない存在です。しかし、だからといって日光に含まれる紫外線も植物にとって有益というわけではありません。

ガーデニングや庭いじりなどの趣味がある人なら身に覚えがあると思いますが、あまりにも強い日差しを浴び続けると、植物も人間と同じように日焼けします。

紫外線にあたることで体内にビタミンＤが作られるなどのメリットがありますが、

多すぎる紫外線は細胞やDNAにダメージを与えます。それは植物も同じこと。それどころか、紫外線を避けて動ける生物とは違い、動くことのできない植物は有害な紫外線を浴び続けることになります。こうなると太陽光からエネルギーを得る仕組みがダメージを受け、光合成に支障が出るようになります。すると植物の細胞は破壊され、「葉焼け」といわれる白っぽい日焼けが生じることになります。

人間の場合、肌の内部でメラニン色素が形成され、紫外線による害から身を守ります。植物も同じように、自分の身を紫外線から守るための術を持ちあわせています。それが、メラニンと同じように紫外線を吸収する働きを持つ色素、つまりフラボノイドなのです。地中で育つため紫外線の害を直接受けないタマネギも、紫外線を吸収しその害から実を守るためにフラボノイドの一種であるケルセチンを外皮に蓄えているのです。

メラニン色素はシミやソバカスのほか、肌を黒くするため、美容の敵だと思いがちかもしれません。しかし、肌内部でメラニンが増えるのは、紫外線の害から自らの細胞を守るという目的があってこそ。いわば、メラニン色素は生まれ持った天然の日焼け止めということができるかもしれません。

しかし、メラニンが過剰に生成されるとシミやソバカスの原因になるだけでなく、肌の奥まで届く紫外線Ｂ波がコラーゲン繊維を破壊してシワやたるみの原因となり、最悪の場合、肌細胞のＤＮＡを破壊して皮膚ガンの原因になることもあります。

しかし、肌はメラニンを増やすこと以外の紫外線から身を守る術を持ちません。そこで必要になるのが日焼け止めです。

日焼け止めは紫外線量が増える５〜６月頃から使い始めるのが理想だとされていますが、特に肌が弱い人は紫外線の種類にも気をつけなければなりません。その種類とは、次の２つです。

・紫外線散乱剤

肌に塗布することで太陽光を反射・散乱させて日焼けを防ぎます。肌に伸ばすと白っぽく重い印象でしかも落ちやすいのがデメリットです。物理的に紫外線を反射するため、肌への負担が軽く、肌が弱い人や抵抗力の弱い子供にも使えるとされていますが、主な成分は酸化チタンや酸化亜鉛など金属製の成分だということに注目しなければなりません。これらは半導体の性質を利用しているため、紫外線を散乱させる際、活性酸素を発生させ、肌表面についた酸化チタンなどの物質を酸化させてしまいます。さらに、近年は技術革新によって5～50ナノメートルまでに微粒子化された酸化チタンが肌に浸透して毛細血管に蓄積され、免疫細胞に取り込まれて異常活性する懸念があるとされています。

・紫外線吸収剤

肌に塗布することで紫外線を吸収し、紫外線を熱に変換させて肌を日焼けから守るのが紫外線吸収剤です。紫外線防止効果が高い、肌が白っぽくならない、汗をかいても落ちにくいなどさまざまなメリットがありますが、肌表面で化学変化を起こしている状態になるため、紫外線散乱剤に比べて肌への負担が大きいといわれています。また、紫外線吸収剤の成分には油分が多いため、肌表面で酸化して炎症を起こす危険性があります。

つまり、肌に安全とされていた紫外線散乱剤も、効果が高い紫外線吸収剤も、どちらも肌にとっては負担だということがわかります。

そこで注目したいのが、ケルセチンです。

タマネギの外皮から抽出したケルセチンを肌に伸ばしたところ、市販の日焼け止めクリームとほぼ同等の紫外線防止効果があることがわかっています。

しかも、化学物質を一切使用していない天然由来物質のため、肌への負担もありません。肌が弱い人や紫外線を安全な方法で防ぎたい人にとって、またとない方法だといえるでしょう。

図3-11にケルセチン組成物の紫外線防止効果を測定した実験データをご紹介します。

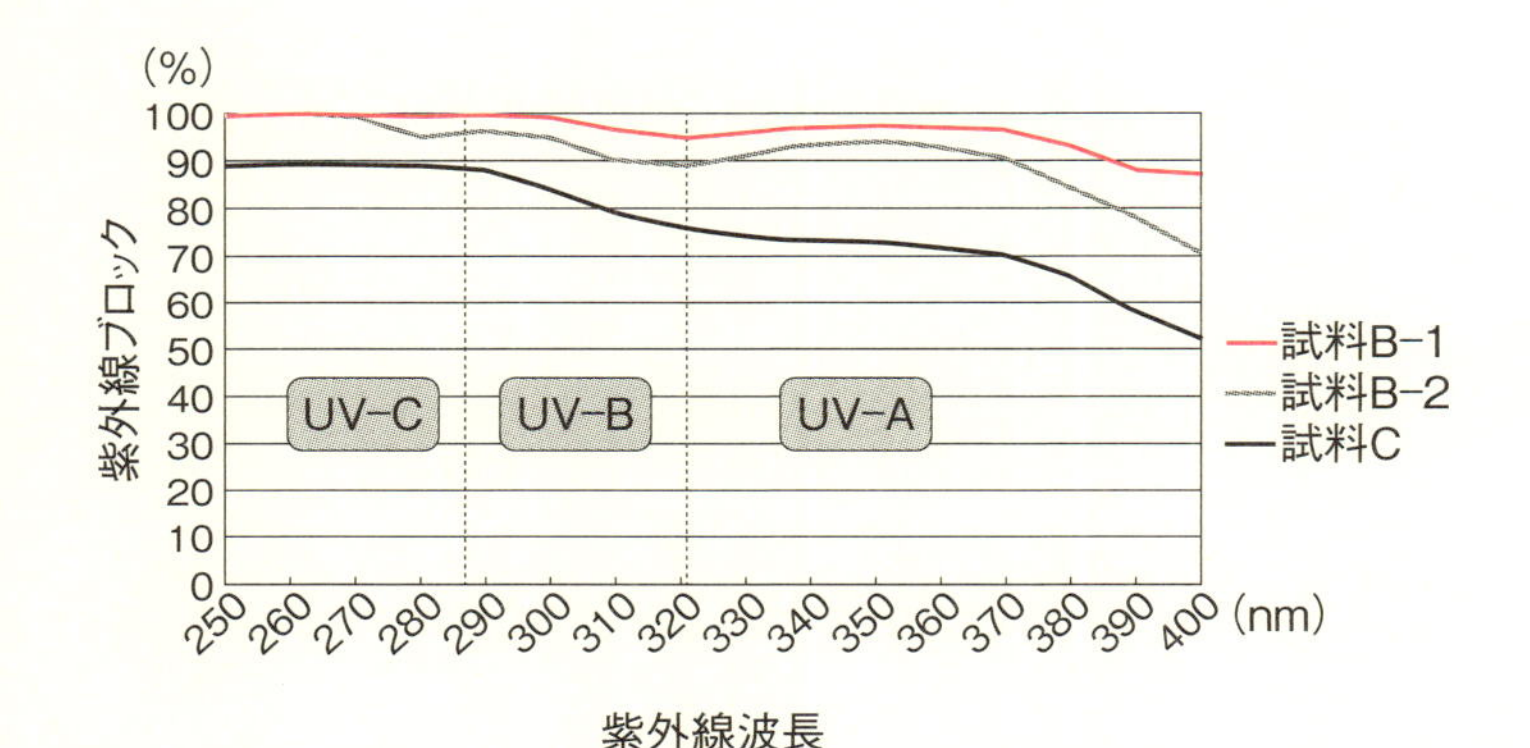

図3-11　ケルセチン組成物のUV吸収（インクリース研究所調べ）

試験方法：

試験試料は、ケルセチン組成物を0.60％（試料A）、0.10％（試料B）、0.060％（試料C）、0.010％（試料D）の濃度とした溶液、および標準試料（SPF値15.3、標準偏差1.65相当）とした。

試料塗布面積を30cm^2（5cm×6cm）とし、試料塗布量は30cm^{2}に対して60mgを秤量し、マーカーで印をつけた皮膚面に全体的に試料をおき、均一に塗布した。

試料塗布から照射を開始するまでの時間を15分から30分とした。

ケルセチンの美容効果④ 抗アレルギー作用

ケルセチンが持つ美容効果の中で最も特筆すべきは抗ヒスタミン作用によるアレルギーに対する効果ではないでしょうか。

そもそもアレルギー症状は、体内に食品や花粉、化学物質などのアレルギー症状を引き起こす物質、すなわちアレルゲンが入り込み、それに対してリンパ球などの免疫細胞がアレルゲンを攻撃するため、ＩｇＥ抗体と呼ばれる物質をつくることから始まります。

ＩｇＥ抗体はアレルゲンを一度は退治するのですが、再び体内に侵入したアレルゲンがＩｇＥ抗体と結びつくと、化学物質であるヒスタミンが作られ、くしゃみやかゆみ、湿疹などの炎症を引き起こしてしまいます。つまり、アレルギー症状とは、ＩｇＥ抗体に対する過剰な反応ということができるでしょう。

病気とはいえないもののくしゃみやかゆみなどつらい症状を抑えるために病院に行くと、必ずといっていいほど処方されるのが、「抗ヒスタミン剤」です。

今や国民病といわれる春先の花粉症の治療の特効薬として、スギ花粉が飛散し始める2～3月になると病院で処方してもらい、症状が治まるまで飲み続けているという人も多いのではないでしょうか。

アレルギー体質の人にとって抗ヒスタミン剤はつらい症状を和らげてくれる、手放せない薬といえるかもしれません。しかしその一方で、症状は治まるものの頭がぼーっとする、眠くなるなどの副作用によって日常生活に支障が出るケースも多く、「手放せないけれど、できることなら使いたくない薬」の筆頭とする人も少なくありません。

ケルセチンには抗ヒスタミン作用があるため、体内でヒスタミンの生成を抑制し、アレルギー症状が出ることを緩和してくれます。

医療先進国といわれるドイツではケルセチンを抗ヒスタミン剤としてアトピー性皮膚炎の患者への医薬品に配合していますし、喘息やアレルギー性鼻炎のサプリメントとしてケルセチンが販売されている国はいくつもあります。

なによりケルセチンは化学物質が一切含まれない天然由来の成分なので、眠くなる、ぼーっとするなどの副作用もなく、日常生活に支障をきたすことがありません。

また、アトピー性皮膚炎の治療で使われるステロイド剤に対して漠然とした不安を抱える人は決して珍しくありません。医師の指導のもと、正しく使用すれば副作用の心配はありませんが、使うたびに不安があることがストレスとなり、症状が重くなる例もあるといいます。

そうしたとき、副作用の心配がない天然成分のケルセチンなら症状が和らぐだけでなく、化学物質に対する不安がないことで精神的に楽になり、それが快方に向かうきっかけになることもあります。

アレルギーは経験者以外はその辛さが理解しづらく、軽く捉えられがちな一面があります。そのため、当事者が孤独を感じてしまい、精神的に追い込まれてますます症状が重くなる例も見聞きします。

症状を和らげるのはもちろんのこと、気分的に楽になるためにも、天然成分のケルセチンはまたとない方法だといえるのではないでしょうか。

まだまだある！　ケルセチンの健康効果

タマネギ由来の成分、ケルセチンは、健康に関心の高い人たちの注目を集めています。抗酸化、抗菌、抗アレルギー、紫外線防止と、さまざまな効果があるケルセチンは美容だけではなく、健康へのメリットがたくさんあります。ひとつずつ紹介しましょう。

・動脈硬化や脳梗塞、虚血性心疾患、心筋梗塞など血管障害の予防

フラボノイドの中でも抗酸化力の強いケルセチンは血栓ができるのを防ぐ効果があります。いわゆる「血液サラサラ効果」と呼ばれるもので、脳梗塞や虚血性心疾患、心筋梗塞、動脈硬化といった血管障害のリスクを下げてくれるのです。タマネギの薄皮を煎じた「タマネギ茶」は動脈硬化を予防するといわれています。タマネギの実に含まれる硫化アリルにも同様の効果があるので、タマネギは実も皮もすべて血液の改善に有効だということがわかるのではないでしょうか。

・生活習慣病の予防

高血圧、脂質異常、心臓病、動脈硬化、糖尿病といった生活習慣病の患者が年々増加し、大きな問題となっています。食事や飲酒、喫煙、運動不足といった生活習慣の乱れが積み重なって引き起こされるとされていますが、活性酸素による酸化ストレスが原因のひとつとしてクローズアップされているのです。そのため、抗酸化作用が高いケルセチンが予防に大きな役割を果たすことが期待されています。

・血糖値の改善

生活習慣病の中でもとくに患者数が増えているのが糖尿病です。食の欧米化による動物性脂肪の過剰摂取に加え、交通網が整備されたことによる運動不足などライフスタイルが大きく変わったことが原因とされ、これからも罹患する人が増えると予想されています。糖尿病の症状が重くなると合併症を引き起こして重篤化することや失明や足の壊疽に至ることもあります。これらの合併症は糖尿病が引き金となり他臓器に炎症や、細胞死（アポトーシス）を起こす遺伝子が発現することが原因と考えられています。

糖尿病は血液中の糖濃度が高くなる病気なので、血糖値を正常に保つことが欠かせません。ケルセチンはマウスを使った実験から、血糖値の上昇を防いでコントロールする効果が高いことがわかっています。さらに、ケルセチンは細胞死を招く遺伝子の発現を抑える働きがあるため、合併症も予防してくれるのです。

・メタボリックシンドロームの改善

メタボリックシンドロームとは、単なる肥満ではありません。生活習慣病には至っていないものの、内臓の周囲に脂肪がたまり、高血糖・高血圧・高脂血・高コレステロールなど複数の症状を併せ持った状態です。対策を怠っていると糖尿病や動脈硬化、心筋梗塞などを引き起こす危険性が高いため、「生活習慣病予備軍」とも呼ばれます。メタボリックシンドロームを改善するには食生活の見直しが欠かせません。具体的にはＬＤＬコレステロール（悪玉コレステロール）を増やす動物性脂肪を減らすことがとくに重要です。ケルセチンはＬＤＬコレステロールの酸化を防ぐため、メタボリックシンドロームの予防と改善に効果があります。

・肥満の改善

食事で糖質を摂取すると血糖値が上がって膵臓からインスリンが分泌され、血液中の糖を肝臓に運んでエネルギーに変えます。そして骨や筋肉、身体中の細胞に運びます。こうして血糖値が下がるのですが、糖が多すぎて余ってしまうと、脂肪に変えて蓄える働きがあります。これが糖質の摂りすぎによる肥満の仕組みです。

糖尿病の項で説明した通り、ケルセチンには血糖値の上昇を抑えてコントロールする働きがあります。血糖値が急上昇しなければインスリンは過剰に分泌されず、糖が脂肪に変わりづらくなります。同時にケルセチンはインスリン感受性を高める効果があります。インスリン感受性が高いと摂取した糖を骨や筋肉に運ぶ度合いが高いので、太りにくくなります。これらの理由から、ケルセチンは肥満を防ぎ、改善する効果が期待できるのです。

第4章

ケルセチン化粧品の可能性

タマネギ由来の化粧品が美肌をつくる

ここまで述べてきたように、ケルセチンにはほかの美容成分にも引けを取らないほど高い美容効果があります。しかも、その原材料となるタマネギの外皮は不要な農産余剰物であり、処理に莫大な費用がかかる、いわばお荷物のような存在です。しかし、そこから肌悩みを抱える人にとって効果の高い化粧品が作れるのなら、それは夢のような話ではありませんか。

金沢和樹教授が開発したケルセチン組成物は、タマネギ外皮から農薬を除去し、特殊製法で抽出した褐色の粉末で製法特許を取得しています。この新素材をケルセア®と名付け、化粧品の開発に取り組みました。これは平成22年3月に経済産業省近畿経済産業局から「新連携」支援事業として認定されました。

タマネギ外皮を有効活用し、ケルセチン組成物を抽出し、パラベンなどの合成保存剤の代替品として化粧品、医薬部外品、サプリメント、食品、石鹸などに応用することがベースになっています。

パラベンとは化粧品や石鹸、シャンプーなどの保存剤として添加されている石油系化学合成物質です。以前から発がん性や環境ホルモンの疑いが指摘されていましたが、最近の研究でパラベン添加の化粧品を塗布したのちに紫外線を照射した場合、肌の老化の原因となるという報告もあります。

そのため、近年はパラベンフリー（パラベン無添加）を求める消費者の声が高まった結果、別の素材を添加するメーカーが増えてきました。

ところがその中にはパラベンより危険な物質を保存・抗菌の目的で使用しているものも少なくありません。その代表例が安息香酸ナトリウムです。

ところがこの物質は人工着色料と併用し摂取した場合、子供のＡＤＨＤ（注意欠陥・多動性障害）の報告があります（英国食品基準庁〈ＦＳＡ〉の勧告による）。

それだけでなく、人工着色料の黄色４号との併用で喘息やじんましんといったアレルギーが起こりやすいという報告もあります。

そうした物質に比べ、タマネギ外皮から抽出したケルセチン組成物は副作用や健康被害の心配がありません。

かつて、天然素材を謳うある洗顔石鹸を使ったところ使用成分の加水分解コムギがアレルゲンとなり、パンなどの小麦を含む食品を食べたあとに全身性のアレルギーを引き起こすという重篤な健康被害が全国で続出し、大きな社会問題となりました。最終的に自主回収され、集団訴訟に発展しましたが、この一件が記憶に残っていると「天然素材でも信用できない」と思うかもしれません。

タマネギが原因でアレルギーを起こす例もあります。しかし、タマネギアレルギーの原因となるのは、実に含まれる硫化アリル。なんらかの原因により体内で硫化アリルをうまく分解できなくなると、頭痛やめまいなどを含むアレルギー症状が起こります。しかし、タマネギの外皮には硫化アリルは含まれないため、アレルギー反応を起こす心配もありません。

すなわち、改めてまとめると、

・ケルセチン組成物が持つ「抗酸化作用」「防腐・抗菌作用」「紫外線防止作用」などの高い美容・健康効果
・産業廃棄物であるタマネギ外皮の有効活用
・安心、安全な保存料としてパラベンの代替物としての活用

この3つの側面から、アンチエイジング効果を期待できるケルセチン組成物の化粧

品は開発され、誕生したのです。それぞれの有用性について、さらに詳しく説明しましょう。

汚れを落とすだけに終わらない石鹸とクレンジング剤

肌は汗やほこりだけでなく、大気汚染物質、喫煙や受動喫煙によるニコチンなどの化学物質や古くなった角質、紫外線によって酸化した皮脂などさまざまなもので汚れています。またニキビができやすい人では、アクネ菌が肌の上で繁殖していることも珍しくありません。

こうしたさまざまな汚れを一度に落とすのは難しく、フルーツ酸などによるピーリングや除菌効果のある洗顔料、油性の汚れを落とすオイル系のクレンジング剤などを使い分けることを推奨されることもあります。

その一方で洗顔をしすぎると肌に必要な油分やうるおい成分を奪う、必要な角質まで落としてしまうなどの原因で肌を保護するバリア機能が失われ、カサカサに乾く、ピリピリと痛む、ブツブツができるなどのトラブルを招くことがあります。

肌を傷めず、不要なものをしっかり落とすことが、洗顔というステップでもっとも重要なのです。

タマネギの外皮からつくられた洗顔石鹸は、抗アレルギー作用や抗酸化作用のあるケルセチン組成物を高濃度に配合しています。そのため、アトピー性皮膚炎の人や肌のかゆみに悩まされている人に最適です。もちろん化学物質は無添加なので、肌の弱い人、荒れやすい人にも向いています。

抗菌作用があるため、顔のニキビで悩んでいる人はもちろんのこと、背中のニキビにも効果があるほか、体臭を抑える効果もあります。

また、ケルセチン組成物の抗酸化力により活性酸素を除去するだけでなく、シミやソバカス、シワといった肌トラブルの最大原因である紫外線の防止機能もあります。石鹸で顔を洗っているだけなのですが、その効果は実験によって「市販の日焼け止めクリームとほぼ同等の効果が期待できる」と証明された折り紙つき。

石鹸ひとつで抗菌、酸化防止、日焼け止めなどさまざまな機能が期待できるのです。

肌の汚れを落とすステップは洗顔だけではありません。外出から帰ったあとに行う、メイク落としの重要性も見落とせません。

ファンデーションなど油性の強いメイクの素材は水溶性の石鹸では落とすことができません。「油汚れは油で落とす」ことがもっとも効率がよいため、メイクを落とす方法は、長くオイルクレンジングが主流でした。

しかし、この方法ではメイクを落とすことはできても、肌に残ったクレンジング剤の油分は容易に落とすことができません。そのため、オイルクレンジングをした後にもう一度洗浄力のある石鹸などで洗顔するダブル洗顔が必要となったのです。しかし、この方法では洗いすぎによる乾燥を招くなど肌に大きな負担をかけることになります。そこでさまざまな化粧品メーカーがこぞって開発したのが、メイクを落としたあと、水で洗い流せるオイルクレンジングです。しかしそのためには水と油をくっつける界面活性剤が必要となり、これも肌にとって負担になります。

そこで注目を集めたのが乳液やクリーム状のクレンジング剤です。しかしこれも汚れを落としたあとティッシュなどで拭き取る必要があり、摩擦によって肌が傷つけられる心配があります。

このように、肌に優しいクレンジング剤を求める人にとって、ひとつの解答になるのが、ケルセチン組成物を配合したジェルタイプのクレンジング剤です。

メイク汚れを無理なく吸着させて落とすだけでなく、抗菌・抗酸化作用によって肌を老化させる汚れも落とします。ニキビ肌や敏感肌でなかなか肌に合うクレンジング剤と出会えない人やアンチエイジングを心がけている人、刺激の少ないメイク落としを探している人に最適です。

タマネギ由来の優しいローション

スキンケアにおいてもっとも重要なのは汚れを落とすことだと多くの専門家が断言していますが、その次に大切なことといえば、保湿だといえるでしょう。

保湿とは文字通り肌のうるおいを保つこと。そのために重要なのが、水分です。美容への関心が高い人もそうでない人も、おそらく「洗顔の後に水分を与える」という手順は必ず行っているのではないでしょうか。そして、そのときにほとんどの人が用いているのが、ローションです。その後に美容

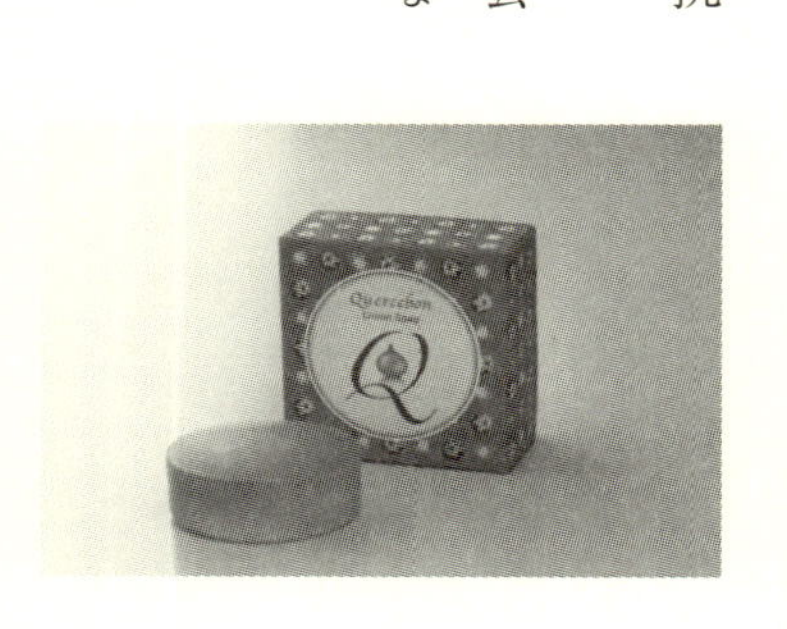

液や乳液、クリームと重ねる人もいれば、ローションをつけただけでスキンケアを終える人もいますが、おそらくローションを省く人は、とくに日本ではほとんどいないと考えられます。

世界的にみて日本人はローション好きで知られ、海外のメーカーでは日本向けにだけローションを製造しているというブランドも少なくありません。欧米では水を使って洗顔することも珍しく、乳液状やクリーム状のクレンジング剤を使って汚れを浮かせたあと、清涼感のある拭き取り用ローションでクレンジング剤と汚れを拭き取り、クリームをつけて終了、というスキンケア方法が一般的だといいます。

ローションを使って肌を保湿するスキンケア方法は日本独自のものなのです。

ローションも水のように粘度がまったくないものからトロミのあるものまでさまざまですが、いずれも肌につけたあとは乳液やクリームをつけてうるおいを閉じ込める必要があるものがほとんどです。

また、含まれる成分もさまざまで、うるおいを保つ成分を中心に美白効果やアンチエイジング効果を加えたものが一般的です。

しかしその一方で、まるでカクテルのようにさまざまな成分を加えた結果、肌への負担が増していくというデメリットもあり、肌が敏感な人はとくに注意が必要です。

ケルセチン組成物を主成分にし、ハーブエキスをブレンドしたケルセアローションは抗菌活性、抗酸化活性、抗アレルギー作用、紫外線防止作用と肌に必要な効果が無理なく含まれています。ベージュを帯びた色は成分由来のもので、無着色、合成香料不使用、もちろんパラベンも不使用。とろりとした感触ながらベタつきはなく、肌によくなじみ、優しく肌をうるおわせます。敏感肌の人やアトピー性皮膚炎の人はもちろんのこと、化粧品の成分にこだわるナチュラル志向の人は見逃せません。

肌の乾燥がひどいときはローションのあとに乳液やクリームをつけるのもオススメですが、夏場などで肌がベタつくときや肌への負担を軽くしたいときは、これだけでスキンケアを終わらせても構いません。


タマネギ由来の石鹸で汚れを落とすと同時に紫外線を防ぎ、ローションで保湿しつつ肌トラブルを防ぐ。たった2ステップのスキンケアながら、ケルセチン組成物の持つ美容効果を存分に堪能できます。

タマネギ化粧品愛用者の声

ケルセチンの美容に対する効果と、配合された化粧品の力について説明してきましたが、専門的な解説を頭で理解するより、実際に使った感想を見聞きするほうが効果や使い心地について直感的にわかるものです。

そこで、この項ではケルセア®化粧品を使った人の感想をまとめました。年齢や肌質、悩みなどが似ている人の感想から使用感を思い浮かべてみましょう。

タマネギの石鹸でゆううつだったアトピー肌から解放された！（56歳・男性）

子供の頃からアトピーに悩まされてきました。肘の内側や首など、アトピー性皮膚炎が現れるのは体の一部だったので、症状は軽いほうでしたが、それでもたまらないかゆさやカサカサになった肌が嫌で、いつもイライラしているような子供でした。かゆさがひどくなるのは汗をたくさんかく夏でした。ゲームもない時代ですから、子供は外で遊ぶのが当たり前、友達と数人で公園を走り回ったりキャッチボールをしたりと、一日中よく遊んでいました。

しかし、遊び始めてしばらくすると、腕の内側がチリチリと我慢できないようなむずがゆさが襲ってきます。母から「掻いちゃだめよ」と常に言われ、自分でもかかないように気をつけていたつもりでした、遊びに熱中していると、そんな約束は吹き飛んでしまいます。「そんなに掻くなよ。真っ赤だよ」と友達に言われ、ハッとして気づくと腕の内側の肘のあたりにかきむしった跡があり、今にも血を吹き出しそうに赤く腫れ上がっていたこともあります。

そうしたとき、私は常に「ああ、家に帰ったら母に怒られる」と考え、さらに憂鬱（ゆううつ）になったものです。

成長するにつれ、アトピー症状が出る範囲が次第に小さくなっていきました。かゆくなったり赤くなることも少なくなり、このまま治るのではないかと期待したこともあります。しかし、アトピーはそんなに甘いものではありません。忙しい日々が続き、疲労がたまっているときや、寝不足が続いているとき、さらにじめじめと蒸し暑い日、子供の頃のように腕の内側がちりちりとむずかゆくなり、ついかいてしまうのです。

疲労がたまっていると抵抗力が落ちるため、いつもは抑え込まれているトラブルが噴き出すように現れると聞いたことがありますが、私の状態はまさにそれでした。

こうやって一生アトピー性皮膚炎がもたらすかゆみや不快感と付き合っていかなければならないんだと覚悟を決めた頃、出会ったのがケルセチン石鹸でした。

それまでは症状が出るたびに病院に行き、ステロイドを処方してもらっていたので、石鹸で治るはずがないと思っていましたが、せっかくいただいた石鹸を無駄にするのも申し訳ない気がして、入浴で使うことにしました。

最初に使ったときにまず感じたのは、泡立ちのよさです。キメが細かくなめらかな泡がしっとりと肌にすいつくようでした。香りはほとんどないのも真面目な石鹸という印象がして好印象でした。そのときすでに肘の内側などはアトピー肌の状態でしたが、しみることはありません。一度使っただけで「これは肌によさそうな石鹸だ」という確信が持てました。

以来、毎日風呂に入るたび、ケルセチン石鹸で頭を除く全身を洗っていました。

変化に気づいたのは、使い始めてから1カ月が過ぎたころでした。いつもならアトピーがどんどんひどくなる季節だったのに、かゆみやかさつきが落ち着いてきたのです。仕事で忙しく病院に行く時間がなかったのですが、それでまったく問題ないと思えました。そして、さらに使い続けると肌の状態がさらによくなり、妻からも「最近アトピーになっていないわね。治っちゃったんじゃない？」と驚かれてしまいました。

しかも、それだけではありません。毎年春になるたびに悩まされていた花粉症の症状も、その年はまったく出なかったのです。いつもなら病院で処方してもらった薬を飲み、マスクを付けていてもくしゃみが止まらず、喉の奥にかゆみを感じていたため、春は不快な季節でしたが、そうした症状がすっかり姿を消していました。なぜ突然花粉症の症状が消えたのかを考えても、心当たりはケルセチン石鹸しかありません。

体を洗う石鹸を変えただけでアトピーも花粉症もよくなったと聞いても、多分多くの人は「そんなことがあるはずがない」と思うことでしょう。私自身でさえ、本当に石鹸のせいなのかと疑いたくなるときもあります。しかし、いくら考えても石鹸以外に症状がよくなった原因が見当たらないのです。

原料のケルセチンには抗菌作用、抗ヒスタミン作用があるといいます。それがアトピーと花粉症に働きかけてくれたのだと思うと感謝しかありません。これからも健康で気持ちよく過ごすために、この石鹸を使い続けたいと思っています。

タマネギ石鹸で混合肌がすっきり（33歳・女性）

若い頃からオイリー肌で、ちょっとした体調の変化ですぐにニキビができていました。こまめに洗顔をしたり、ニキビ専用の化粧品を使うなど自分なりに努力していましたが効果がなく、ひどいときには顔一面にニキビができていたのでうつむいて過ごすことの多い10代でした。

大人になるとようやくニキビは落ち着いてきましたが、今でも仕事でストレスがたまったり睡眠不足が続いたりすると、頬や顎にポツンと吹き出物が出ることがあります。そのたびに、ニキビだらけだった思春期の頃を思い出し、必死になって顔を洗っていました。

ところが、皮脂分泌が多い10代の頃は洗浄力の強い石鹸で顔を洗ってもすぐに肌の油分が復活していたものでしたが、20代後半になってからというもの、吹き出物ができて洗顔を念入りにすると肌がつっぱるようになりました。しかも、鼻や額など顔の中央は相変わらず油分が多くテカッているのに頬のあたりはいつも乾燥した状態です。いわゆる、混合肌へと肌質が変わってしまいました。

吹き出物のケアとしては洗顔を念入りにして余分な脂を落としたいのですが、そうすると頬がカサカサになってしまいます。30代になると頬の乾燥はますますひどくなり、粉をふいたようになっていることも珍しくありません。全体的に肌が乾いてシワっぽくなっているのに、相変わらず鼻の頭は脂で光っていて、ホルモンバランスが乱れると吹き出物が現れます。一体、乾燥肌対策と過剰な油分を抑える対策のどちらを重視すればよいのか、まったくわからなくなってしまいました。

そんなとき友人に紹介してもらったのが、ケルセチン石鹸とケルセアミルキーローションでした。

タマネギの皮のような色をした石鹸は柔らかい泡が心地よく、顔の余分な脂がとれてさっぱりとした洗い上がりでした。それなのに洗ったあとに肌がつっぱることがなく、快適です。しかも、殺菌作用があるせいでしょうか、ポツンとできていた吹き出物が消えてしまったのです。これにはびっくりしました。

私は若い頃から脂性だったため、あぶらとり紙が手放せなかったのですが、この石鹸を使うようになってから皮脂の分泌が抑えられたせいか、いつの間にかあぶらとり紙を使わなくなっていました。

あまりに効果があるので、ちょっとぜいたくかと思いつつ、顔だけでなく体も洗ってみたところ、ときどき出ていた背中のニキビが出なくなっていたのは嬉しいおまけでした。

さらに、洗顔したあと使うミルキーローションにも驚きがありました。まず、ジェル状のローションが薄い茶色をしていることにびっくりしました。これはタマネギの皮からとったという原料の色がついているだけで、肌に伸ばすと無色です。

とろりとしたローションはよく伸びて肌にすっとなじむ感覚です。頬は乾燥するけど、鼻やおでこは脂っぽいし、顎にはよく吹き出物ができるので、保湿力の高いローションは顔の中央を避けてつけるようにしていましたが、このローションはカサつくところも脂っぽいところも両方使えます。抗酸化作用があるせいか、顔の中央の脂っぽさも、鼻の頭のテカリもおさえられたのは助かりました。しかも、頬のカサつきも落ち着いて、今、肌の状態がとてもよいです。

混合肌は皮脂のバランスを整えることが大切だと聞いていましたが、洗顔石鹸とローションの２品の簡単なステップでバランスケアがかないました。

メイク落としの段階から満足感　（54歳・女性）

年を重ねるにつれ、シミやくすみなど肌のアラが目立ってきました。それをできるだけ隠したいと、若い頃よりも化粧に時間がかかるようになっていました。

ところが、50歳になったあたりから肌質が変わってきて、ちょっとしたことで荒れたり吹き出物がでたりするなど、トラブルが出るようになったのです。若いときから肌が丈夫でトラブルとは無縁でしたが、すっかり敏感肌に変わってしまいました。ひどくかぶれることはないものの、疲れがたまっていたり体調が悪かったりすると、不調が肌に表れるようになりました。とくに困ったのがファンデーションで、化粧が終わったあとに目の下や口の周りがかゆくなってしまいます。困って同世代の友人に聞いたところ同じことで悩んでいる人が多く、なるほど、これが「年をとると肌質が変わる」ということかと、深く納得したものです。友人たちのなかにはもうファンデーションをつけること自体をやめるという人もいたのですが、私は人に会うことが多い仕事をしているのと、若い頃のうっかり日焼けでできてしまったシミを隠したいので、ファンデーションを手離すことはできません。そこで、あちこち探してようやくトラブルの出ない自然派のファンデーションと出会うことができました。

ところが困ったのがメイク落としです。そのブランドでは薄づきタイプのファンデーションは石鹸で落とせるとのことですが、私が愛用しているカバー力のあるしっかりタイプのファンデーションは石鹸だけでは落ちそうにありません。説明を読むと「クレンジングをご利用ください」と説明があるものの、そのブランドはメイク用品のみで化粧品はなく、別の自然派化粧品ブランドでクレンジングを購入することになりました。そして、インターネットで探した末に見つけたのが、タマネギ由来の成分からつくられたクレンジングジェルでした。

含まれているのはタマネギの外皮から抽出されたケルセチンという成分と、植物由来の成分で化学物質は含まれません。できるだけ肌への負担を減らしたい私にぴったりです。家に到着した日、早速手のひらに出して見ると、タマネギの皮を煮詰めたような濃く透明な茶色のジェルにびっくりしました。ところが化粧をした肌に伸ばし、くるくると優しくマッサージすると、ファンデーションが溶けるようになじんでいくのがわかります。そしてぬるま湯で洗い流せば、肌はすっきり。ピリピリ痛むこともないし、使ったあとはしっとりとうるおいます。

クレンジングジェルだけでもメイクが落とせるのですが、私はさらにケルセチンの石鹸も使うようになりました。こちらも滑らかな泡で、洗い流したあとも肌がつっぱることがなく、とても快適です。

そして、２つを使い続けるうち、疲れたときの肌荒れやかゆみが出なくなりました。これはクレンジングに配合されているタマネギ由来の成分、ケルセチンに抗菌、抗アレルギー作用があることが理由かもしれません。

聞けば、ケルセチン石鹸には、洗うだけなのに日焼け止めクリームを塗ったのと同じくらいの紫外線防止効果があるのだとか。そういえば化粧をしない休日は肌になにもつけたくなくて、日焼け止めも塗らずに洗濯や買い物をしていましたが、例年ほど日焼けしませんでした。年を重ねるとスキンケアがどんどん面倒になりますが、「洗うだけ」で肌がうるおい、日焼けも防ぐのだからこんなにありがたいことはありません。

いくつになってもきれいな肌でいられるのは、女性として幸せなこと。それがクレンジングと洗顔で実現できるのも、タマネギというスーパー野菜のおかげなのかもしれませんね。

息子のニキビが消えた！　そして主人の体臭も……（46歳・女性）

私も主人も若いころから脂性で、思春期の頃はニキビに悩まされたものでした。年をとるにつれ皮脂の分泌もおさまってきて、季節の変わり目やホルモンバランスが乱れたときに吹き出物が出るくらいで、肌のトラブルはほとんどなくなりました。若いころに悩んでいたのが嘘のよう、と喜んでいたのもつかの間、今度は息子の肌に悩まされるようになってしまったのです。息子は両親の血を継いだのか、小学校高学年のころからニキビが出るようになりました。中学に入るとニキビの数も増えてきて、本人も気にしているようでしたし、そうした姿を見るのも辛く思いました。

ニキビ肌に効くという化粧品を揃えたこともありますが、バスケ部に所属して汗をかくため、顔に何かをつけるのを嫌がるのです。さらに、男の子の特性でしょうか、こまめにスキンケアをするのが面倒らしく、何を買っても三日坊主で終わってしまいます。主人の話を聞くと、息子の年には顔じゅうニキビだらけだったというので、同じようになったらどうしよう、と気が気ではありませんでした。

　そんなとき、「抗菌作用があるからニキビによく効く」と友達に紹介されたのが、ケルセア石鹸でした。わらにもすがる思いで息子に買い与えると、タマネギの皮そのもの、といった色と、入浴時に体を洗うついでに顔も洗うという手間のかからなさが本人に合っていたのか、珍しく続けることができました。

　すると、少しずつニキビの数が減っていき、半年も経つころにはすっかりニキビが治ってしまいました。あまりの変化に、同じクラスの女子から「どうやって治したの？」と聞かれることも多いのだとか。ニキビが治って肌がきれいになり、女子と話すことも増えると現金なもので、あれほど面倒だといっていたスキンケアも朝晩きちんと行うようになりました。それまでに買った化粧品が無駄にならず、本当によかったです。

　もうひとつ、驚いたのは、主人の体臭が消えていたことです。息子のニキビを治すため浴室に置いていたケルセア石鹸でしたが、それほど特別なものだと思わず、主人もこれで体を洗っていたというのです。石鹸の減り具合がやけに早いとは思っていましたが、まさか主人が体を洗うために使っていたとは予想外でした。息子と夫の悩みをたったひとつの石鹸が消し去ってくれたことについては、感謝しかありません。この石鹸は日焼け止めクリームと同じ効果があるというので、これまでは遠慮していた私も使おうと思っています。

あとがき

２０１８年10月1日、ノーベル医学生理学賞を京都大学名誉教授・高等研究院特別教授・本庶佑教授と米テキサス大学ＭＤアンダーソンがんセンター・ジェームズ・アリソン博士が受賞されました。二人は新しいがん治療薬の開発に革命をもたらしました。

本書は、自然の力、特にタマネギのケルセチンがもたらす女性の美と健康、そしてアンチエイジングまで、幅広く網羅しました。

ケルセチン組成物は２００４年８月、神戸大学の金沢和樹教授よって開発された画期的な素材で、その効能・効果は、肌の手入れおよび女性の美と健康にマッチしたものといえます。

医療法人社団昇平会二木皮膚科の二木昇平先生には、取材にご協力を頂くとともに、ご指導を賜り、誠にありがとうございました。

本書を若返りと潑剌（はつらつ）とした女性の健康美バイブルとして活用頂ければ望外の喜びです。

２０１９年2月吉日

春名一夫

参考文献

・『糖尿病にタマネギが効く‼』（主婦の友インフォス情報社編／主婦の友インフォス）
・『タマネギで高血圧・糖尿病に勝つ―ガンを防ぐとの報告も！』（宮尾興平・山田京子／ペガサス）
・『タマネギはやはり糖尿病の妙薬』（齋藤嘉美・宮尾興平／ペガサス）
・『タマネギはガン・心血管病・ぜんそく・骨粗鬆症にも有効』（齋藤嘉美／ペガサス）
・『究極のスキンケア』（二木昇平／同友館）
・金沢和樹「ケルセチン組成物、食品保存剤及びその製造方法」特許４３４４９１３号（２００９年）

著者略歴

春名 一夫（はるな・かずお）

株式会社インクリース研究所 代表取締役社長
1945年、岡山県生まれ。島根大学教育学部卒。
教員を経て、アベンティスファーマに入社しインスリン製剤の販売、ノボノルディスクファーマにてインスリン製剤のヒト成長ホルモン開発に従事。
マリオンメレルダウにてニコレット（禁煙ガム）の特別調査Ⅰを担当。2002年より現職。

坂本 靖彦（さかもと・やすひこ）

株式会社インクリース研究所 顧問
1953年、和歌山県生まれ。大阪薬科大学卒。薬学博士。
東京大学薬学系研究科医薬品評価科学講座修了（2007年）。
大阪薬科大学助手を経て、アルフレッサ ファーマ医薬研究所に入社し、含窒素複素環化合物、リン脂質の合成、抗アレルギー剤、降圧薬、ナルコレプシー治療薬の開発など、創薬研究に従事。2012年より学校法人常翔学園 監事。

タマネギで肌美人

~ケルセチンはアンチエイジングのカギ~

2019年2月27日　第1刷発行

著　者　　春名一夫、坂本靖彦
発行人　　久保田貴幸

発行元　　株式会社 幻冬舎メディアコンサルティング
〒151-0051　東京都渋谷区千駄ヶ谷4-9-7
電話　03-5411-6440（編集）

発売元　　株式会社 幻冬舎
〒151-0051　東京都渋谷区千駄ヶ谷4-9-7
電話　03-5411-6222（営業）

印刷・製本　　シナジーコミュニケーションズ株式会社
装　丁　　荒木香樹

検印廃止

ISBN 978-4-344-91301-1 C0040
幻冬舎メディアコンサルティングHP
http://www.gentosha-mc.com/